U0390832

Tales From Closet

我的衣橱故事

于晓丹 著

重庆大学出版社

献给世奇

be silly
be honest
be kind
-emerson

目　录

Contents

21
BRANDS

j'ai toujours
aimé . . les

agnès b.

1

agnès b.

Agnès had twins at 19 and she separated from their father at 20. She graduated from École du Louvre in Paris. A career soon followed when her personal style caught the eyes of Elle magazine staffers at a Paris flea market.

agnès b.

P14/19（下两幅）：2014 秋季作品。品牌提供

P 8/16/17/18/19（上）：位于纽约 Soho 的店铺内。作者摄

agnès b.：曾经的诗意

秋天总有忧伤的日子，不过女人们在忧伤时常常穿得更为诗意。比如那天我要去见一位十几年不见的男性朋友，穿上本白色薄丝衬衫、套上驼色羊毛衣后，最后从衣橱里拣出那件在深处挂了十年的 agnès b. 锈红色齐踝厚呢大衣。出门的一瞬，感觉天空的蓝有股凛冽的透彻，云像奔腾的马，快速地往北漂移而去。作为女人，我一直相信服装的款式、手感和色彩有诉说情感的意义，也启发对生活的想象力，从前的 agnès b. 常常在我难以言说时替我表达，像诗一样。

我第一次见到 agnès b. 还是 1996 年，那时它在纽约只有一家店铺，开在苏荷区（SOHO）标志性的王子街与春街之间的绿街上，狭长的一间铺面，只有女装。店铺的装潢是典型的苏荷风格，简洁随意，试衣间用几挂拖地的粗布帘隔开，墙砖和管道暴露在外。比较独特的是墙面和橱窗里贴着巨大的电影海报，让我一时无法判断这家店与电影的关系。（后来才知道，设计师 Agnès 本人是电影爱好者。）不过一进去，我便立刻陶醉其间。在纽约一贯素暗、沉重的色彩氛围里，它宛如新鲜妩媚的玫瑰，从里到外发散着掩饰不住的浪漫主义风情。“很巴黎啊，”我忍不住感叹，看见镜中的自己，裹在它最经典的乳白底满地嫩粉色玫瑰印花下，虽然已二八年华不再，却仍然有盛春的绰约。在方方面面崇尚法国的纽约，“很巴黎”的评价几乎就是至高无上的赞美了。

agnès b. 是法国设计师 Agnès Trouble 在 1975 年创立的品牌。虽然是嬉皮风盛行的年代，它却毫不怪异，更不愤世嫉俗，而是全部心思回归服装的传统本质——裁剪、材质和色彩，在当时反倒是特立独行的姿态。它的裁剪看似简单，没有任何多余和繁复的线条，但越简单就越不简单，穿上它立刻能感觉到得体、适宜和恰到好处，有那种“穿我之人不必多美，我必让人美”的自信，有焕发穿着之人的优点、掩盖其缺点的力量，好像任何年龄和形体的女人都有成为它顾客的可能。法国平均每两个女人就拥有一件它的外套的事实，证明它实际上是一个相当经典的法国大众品牌。它的高级，除了裁剪，还体现在它的优秀材质和优雅色彩上。材质是品牌的灵魂，无论是精纺印花棉还是柔软的薄羊绒，都透着热爱生活所能给予你的坚定；色彩和印花则是呼吸，妩媚却不媚俗，粉、红、橘等各种娇艳色收住锋芒，用中间色调配；店铺永远像一首含蓄又隽永的情诗，让人沉浸其中难以自拔。

我第一次成为 agnès b. 的用户是第一次到巴黎出差，在左岸旗舰店里看见一双黑色轻便皮鞋，样子像芭蕾舞鞋，很显然灵感即从此而来。它细细的鞋袢在脚面上打了个扭转，有种轻佻的俏丽，让我一见钟情。穿上试试，鞋跟略有坡度，鞋面皮质柔软服贴。售价150欧元左右。那时的美元比欧元贵，我掏出钱包将它买下，即刻换下从美国穿来的鞋子，徜徉在巴黎的街道立刻有脚下生风之感。没想到这一穿就是十几年。至今鞋底虽已两次补平，周边的缝线也找修鞋匠整圈加固过，可它们仍然是我鞋柜里的珍品，仍然舒适，鞋袢上那个不经意的扭转仍未过时，仍然毫无违和之感。

不过agnès b.毕竟价格不菲，我的衣橱里陆续添入的几件，都是我取得一点成绩后给自己的奖励。文章开头提到的那件齐踝厚呢大衣是最隆重的一件，应该是我升职高级设计师时先生送的礼物。他总说，要是那么一件衣服能让你高兴那么久，花多少钱也值得。

不过，遗憾的是，像一切高档精品品牌一样，世纪交替之后，随着全球奢侈品牌被平民化，高端品牌被时尚快餐化，以及各种成本增高造成的压力，agnès b.的风格也发生了激变，当年的万般风情好像一夜之间云散，骤然进入了诗情压抑的沉闷期。我自己已经有很多年不常进agnès b.了，虽然它在纽约已有三家店铺，可推开每一家的门，都不免伤感，再想不起它跟那个有左岸有塞纳河有新桥、跟那个云彩永远诡谲的城市有任何关联。虽然它现在拥有服饰、化妆品、运动鞋、手提袋、手表等多个时尚品种，拥有女装、男装、童装、少女装、运动装等服装系列，是个不小的服装帝

14

我的衣橱故事

国了，可它的手感再也没有过去的柔滑凉爽，简捷的线条变得毫无生机，它的色彩更像是一个早已无心跟你调情的人的心情，非黑即灰，敷衍了事。曾经是其海外第一家分店的苏荷 agnès b. 门店地址也几经挪迁，从最早的王子街到绿街，现在落脚在苏荷最边缘最不起眼的霍华德街上，需要仔细找才找得到了。

这些年我又数次重游巴黎，虽然知道全球化不会让巴黎的 agnès b. 与纽约的有多少不同，可每次都还心存侥幸。可遗憾得很，看来，任何一个地方的 agnès b. 都不可能再现它过去的风情了，即使是它的故乡；而香港和上海的 agnès b. 简直惨不忍睹。

不过，agnès b. 终究没有被某个大财团吞没，仍然顽强地独立生存着。它的品质虽然不及过去，但终究还是一个任何女人都可以享受的品牌，仍然注重裁剪这一时装本质，仍然不哗众取宠——这，已经很让人心存敬意了。

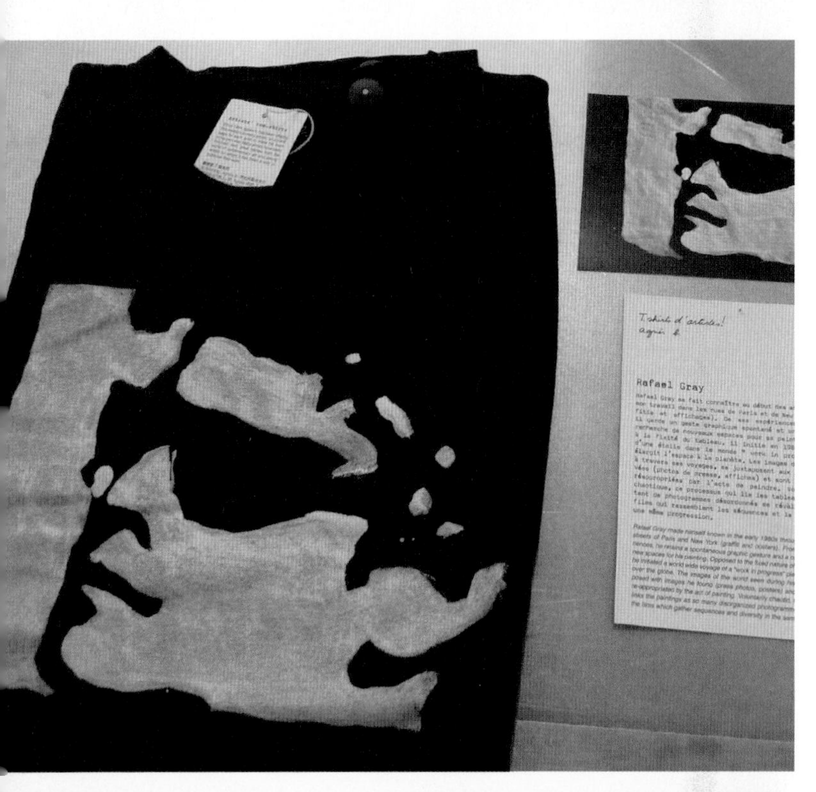

T-shirts d'artistes!
agnès b.
Rafael Gray

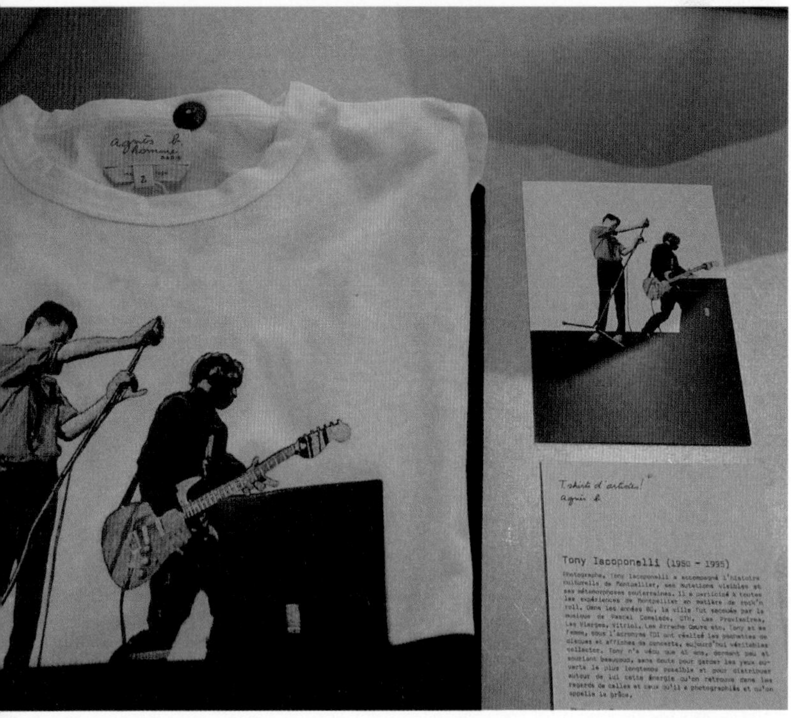

T-shirts d'artistes!
agnès b.
Tony Iacoponelli (1950 – 1995)

American Dream
PAT McCARTHY
"SLABS"
agnès b.

agnès b.!!

Abercrombie & Fitc

A&F

Abercrombie&Fitch is notable for using "brand representatives" for store customer service. It has been the subject of controversies including allegations of discrimination, preadult sexualized ad campaigns...

Abercrombie & Fitch

P20/27：位于纽约五大道上的旗舰店。作者摄

P28：2015 年店铺内。来自网络

A&F：在五大道引起女性的尖叫

再也不适合穿 A&F 了。那天站在试衣间里不得不承认这一现实时，我真有点失落。

回想被 A&F 特别吸引的那天，是 2005 年 11 月的一个周末。我依习惯散步至曼哈顿第五大道，看到 56 街把角那家店铺的门口竟排起了长队。从前门楣上方挂棕红色 Fendi 招牌的位置，已新换成黑色的“Abercrombie & Fitch”。好奇地往店门内玄关处瞭望，这一望心跳都快了，幽暗的光线下，几个上身全裸、肌肉逼人的年轻店员，微笑地站在也是半裸少年顶天的广告幕墙前，被分批放入的女性顾客轮番搂着、靠着，亲昵地合影呢。那可真是第五大道从没有过的景象。

一般人口中的“五大道”，是指曼哈顿中城从 49 街到 59 街左右的一段商业区。这条街，长不过 800 米，却密密麻麻排布着从欧洲到美国本土几乎所有顶级名牌服装服饰店，以及美国最顶尖的几家百货公司。据福布斯杂志说，如果按每平米零售空间租金评比，这段 800 米长的五大道从 1990 年代中期起就是名符其实的“世界最贵街道”了。衬得上这份矜贵的，是街上的安静，橱窗里的奢华，店铺里高大气派的男性导购员，以及西装革履的门卫——他们帮你叫出租的样子都那么得体绅士。都说这条街是属于女人的，特别是中产阶级的女人，存在我脑袋里的五大道明信片，也总是一位中年女性，头裹爱马仕花头巾，鼻梁架迪奥墨镜，身穿纪梵希长外套，牵着哈巴小狗，一派悠闲地徘徊在蒂凡尼或 Bergdorf Goodman 门前。这条街也是相当男性视角中心主义的，因为，无论怎么讲，这个女人的形象都像是男人对他们的女人能在第五大道得到什么的幻想和希望。

A&F 的入驻，似乎要打破这道风景了。

每一个女人心里都住着一头放肆的野兽，如果时机合适都会想把它放出来。A&F 显然看出了此中门道。第二年初春我终于有机会走进五大道 A&F 店内时，不要说那些世界各地来的女人，特别是几个日本女子，贴着那几块结实的胸肌时，脸上挂着的那种既陶醉又欲望不足的笑容，连我自己，尽管多半还遮遮掩掩，也已感觉到猛虎下山时的欢快。不时有新的“小鲜肉”从墙后闪出，玄关处便不时发出一阵压低的尖叫。我这次终于绕过幕墙走进店内，一进去，心脏差点被超高分贝的重金属摇滚乐震碎。光线更加幽暗，快到模糊的程度，但总还能看清在布局紧凑又复杂的货架中间逡巡的俊美少男导购。问及任何问题，他们带着淡淡香水气味的身体都微倾过来，并把耳朵伏在你的嘴边。于是，你在感叹着“这完全不是我应该逛的店”的同时，又体会着某种安全的、温柔的惬意。

① South Street Seaport

排在门外队伍里的，当然以女人居多，可她们很多手上也挎着丈夫或男友。虽然 A&F 设定目标客户群为 18 岁至 22 岁的年轻人,男女装比例相当，并没有性别偏向，可看得出，五大道上的 A&F 打的主意很大，既打着男人的主意，也打着女人的主意，既打着五大道的主意，也打着纽约大学的主意，既打着时髦人的主意，也打着不那么时髦人的主意，这其中年龄当然不限。

比如我，衣橱里从此就有了 A&F，虽说那差不多也是我能穿这个品牌的最后时光了。

真的是被几个小帅哥俘获了吗?

早几年的 A&F 并不这副模样。记得第一次逛 A&F，是 1990 年代末，因为经常听周围年轻女孩子说起曼哈顿南街港[1]附近有家特别的 A&F，就跑了过去。那家店跟当时另外几个也走牛仔 T 恤青春派路线的竞争品牌比，例如 American Eagle Outfitters，本质区别并不大（甚至因为过于相似还打过抄袭官司），只是衣服质地明显更好一些（棉是真的特别好的棉），样式更时尚一些（裁剪是真的恰到好处），价格当然也更高一些（A&F 目前仍是最贵的年轻流行服饰品牌)。要说有差别，摆放在收银台上那本有浓厚情色意味的广告图册算是最显眼的一个。那本图册真是好看！新鲜、危险、刺激。不过，它的刺激点跟早几年 Kate Moss 为 Calvin Klein 拍的充满海洛因气息的广告不同，跟“维多利亚的秘密”的销售目录不同，它主攻的不是“女色”，而是“男色”，而且是二十岁左右鲜活的小男生。虽说已过了热血青春的年纪，可我也看得爱不释手，并且猜想大部分顾客，不论男女，在走出店铺时包里应该都揣上了一本。那时候，Justin Bieber 这种“花美男”还没出炉，A&F 是当时曼哈顿能安全地看小“男色”的先锋场地，像外百老汇小剧场一样。

看着 A&F 今天的模样，要是不维基一下，大概很难想到它会是 1892 年创建的“百年老品牌”。不过与欧洲名牌不同，A&F 在 1977 年破产之前的历史虽长，故事却并不多么精彩，不过是纽约一个略有起伏的经销高档运动品的商店。最有意思的，可能就是店里卖中国麻将的一段插曲了。那是 1907 年 Abercrombie 退出公司、Fitch 单独主事儿以后，一位女性顾客到店里来找她在中国玩过的麻将。Fitch 于是亲自跑到中国买了几副回来放在店里销售，还把游戏规则翻译成英文。麻将很快卖掉了，公司于是又派出更多买手去往中国农村，像扫荡一样把当地能搜罗到的麻将都带回了美国，最后共售出 12 000 副。

看起来，“千方百计也要满足女性需求”早就是 A&F 的经营哲学和美学了。其他商家恐怕也没有不知此理的。只不过女性的需求本来就多样且多变，大多

数时候也并不像来问“有没有麻将”这么直白，更何况到20世纪末、21世纪初，女人看世界、看男人的视角都发生了重大改变，而且跟她们争夺美感、情感等小宇宙的，除了女人还有男人，女人心和男人心都变得相当复杂，A&F要想震撼男性中心主义传统壁垒坚硬的五大道，靠一本销售目录显然不够。于是，赤

裸的“男色”就这么活生生地从纸里走了下来，被拿来消费了。不单时尚界，音乐界、影视界都一样，热闹的韩流当然也是踩着这个节奏。我逛五大道A&F的当天，对面的Armani次线品牌Armani Exchange也不甘居后，不只把半裸的少男模特（跟A&F一样，他们都被美其名曰“销售员”）请进店里，还送了一部分上街。一贯安静的五大道那天发生了小范围拥堵，在一阵阵尖叫声中，我看到不少男性也在暗中观察、欣赏甚至吹口哨。那一瞬间不禁感叹，女权主义至少在五大道上是胜利了。

这十年来，在A&F越来越失守“节操”的同时，我自己的身体也在发生着微妙的变化。终于有一天在试衣间里发现，无论从衣架上选取的哪一件衣服穿上身都再也没有那种欣喜了。我们总想问我们跟品牌到底有什么关系？其实，是我们自己在磨合着它们成长。有些品牌会越来越适合我们，有些则越来越远离。A&F之于我，是它越来越青春挺拔，而我的背渐渐驼了，臂膀渐渐厚实了。虽然被抛弃的滋味不好受，不过我知道，它不残忍地抛弃我，就无法更好地守住它希望守住的那一部分单薄俊俏的小身板儿，跟它挥手告别时，也体会到“断舍离”是青春不能妥协的酷。

好在，我还可以时常到五大道的店门口瞪大眼睛看看。

We're getting a bit of a makeover...
ANN TAYLOR
CONCEPT STORE WILL OPEN NOVEMBER 2010
In the meantime, shop our temporary location at
156 5TH AVENUE
(ACROSS THE STREET BETWEEN 20TH & 21ST STREET))
or Shop ANNTAYLOR.COM

3

ANN TAYLOR

Ann Taylor

Richard Liebeskind, the founder of Ann Taylor, opened his first Ann Taylor store in New Haven, Connecticut in 1954. “Ann Taylor” was the name of a best-selling dress at Liebskind's father's store.

Ann Taylor

P30/38：Ann Taylor 纽约店铺橱窗。作者摄
P37：明星代言人。来自网络

Ann Taylor：纪念最后的姿色

1998年末，我还在纽约时装学院上学。刚放寒假，圣诞和新年就临近了。为了争取在一年半内完成两年的学业，过完年第二天我就要返校修寒假课程“平面裁剪”，那个节日季因此相当短暂。回家的路上，偶然走进离宿舍最近的一家Ann Taylor，发现里面热闹非凡，几乎所有的销售架上都挂着大红的“sale”招牌，而且折上折，便宜到难以置信。

那时候还过着打工赚学费的日子，却又好像隐约知道，挣工资的日子应该不太远了。也许该趁此机会给自己准备几身行头？

于是抱着二三十件衣服（大多是平时看了无数次却又悻悻然放手的）冲进试衣间，最后筛选出其中的二十件来。

“这些都要吗？”先生在一旁问着。

我点点头：“如果可以的话。”

那应该是我记忆里Ann Taylor最曼妙的一年，也是它最后的“姿色”盛时。整个店都像在精心装扮一个于深秋季节坐在金色酒店里喝下午茶的优雅贵妇，在宽敞的试衣间里每穿上一套衣服，镜子里那个发誓要开始做淑女的“少妇”都呼之欲出。那时候的Ann Taylor跟现在比，我一直感觉，不是同一

①我的《内衣秀》一书里有穿着这件衣服与老师和同学合影的几张照片。

个品牌。

先我几年移民美国的一位女朋友看到这些衣服，不无疑虑地问：你觉得真的适合你穿着上班吗?

我不假思索地回答，适合。

不过细想想，可能的确并不那么适合。

虽然从 1954 年在耶鲁大学所在城市纽黑文创建伊始，Ann Taylor 就把目标客户瞄准为“富裕的职业女性”，可它最好的几个系列显然不是一般概念中中规中矩的职业装，而是有点过于优美了。不过对于当时仍然年轻的我，它似乎又有点过于典雅。怎奈那时候心中正充满对新一年的期盼以及对未来的憧憬，那些期盼和憧憬也许没具象到我会穿着什么样的衣服，但一口气买下的二十几件 Ann Taylor 潜意识里应该都是那些憧憬的一部分。我想象未来的我应该表面靓丽又有能随心所欲的灵魂吧：管它什么规矩，管它是不是品牌定义上或社会认知上的合适不合适，只要我觉得合适。

还没到上班，已经迫不及待地穿上了它们。内衣专业最后一堂课，我穿着绣满黑色花蕾和白色花叶的本白色无袖绡衫与同学和老师合影留念[①]；

①关于什么是时装品牌所追求的"生活风格"（life style）和"生活的品质"（quality of life），我会在《J. Crew：要生活风格还是生活品质》一文里更详细地介绍。

毕业秀那天，我穿着茄紫色丝绒短袖衫坐在台下等着看我的作品出场；毕业典礼前的颁奖礼，我穿着干石榴红针织连身阔摆短裙上台从校长手里接过奖金。在新生活到来之前的这些最快乐的时刻，几乎都是 Ann Taylor 陪伴着我，见证着我以比同班同学大将近十岁的年龄跟他们一起完成艰难学业后的喜悦。那时候没想到，我，也是它的一段历史的见证者，而且那段历史转眼就消失了。

新世纪开始，时装业越来越讲究准确的风格定位，Ann Taylor 被很多人质疑过的模糊性的问题就变得越来越尖锐。大多数上班族女性认为它的颜色和裁剪过于轻扬；可对于一些特别需要优美的场合，比如酒宴或晚会，它又浪漫不足。对于中老年女性来说，它遮盖不够稍显轻佻；可对于年轻人来说，它又优雅有余活泼不足。就连 Ann Taylor 这个名字，也透着一股新英格兰老派妇女范儿——"Taylor"与"Tailored"谐音，意思是剪裁讲究、合身，听上去就不如那时正在走上坡的 American Eagle Outfitters，或高调复兴的 Abercrombie & Fitch 那么时髦。当时的 Banana Republic 和 J. Crew 等几个鲜明地以追求"生活风格"为特点的品牌，开始转型为追求"生活的品质"[①]，本来定位就有些不清不楚的 Ann Taylor 一时陷入迷茫，似乎也不得不酝酿转型。为了迎合风头正劲的年轻化市场，它开始花大力气宣传在 1996 年创建的下线品牌 Ann Taylor Loft，推销这个休闲工作装和家居服装系列。因为价格的确比 Ann Taylor 低了不少，Loft 确曾短暂红火过，可很快便被来自欧洲更能摸准时髦脉搏的 ZARA、价格更低的 H&M 以及上货速度更快的 Forever 21 等强烈的青春气息吞没了。

我自己在工作了三四年、开始有机会经常出差欧洲以后，也渐渐离弃了 Ann Taylor。在欧洲多条古街边的小店里随随便便就能捡拾到细腻的风情万种，而且更随意，更慵懒，更漫不经心，一颗东方心哪能不轻易被俘虏。对比之下，Ann Taylor 的优雅像美国一样，在欧洲时尚面前多少显得过于刻意甚至刻板、笨重，它于是很少再出现在我的逛店名单上了。

雪上加霜的，是 2008 年的经济危机。之后，美国所有服装品牌都紧急趋向保守，安全的几何图案盛行。可 Ann Taylor 完全不能与几何为伍，连续几个季节，它都像踩不上市场节奏，只能一再小心翼翼地使用黑白两色敷衍了事。加上各种成本涨价，原先的优质优势也难以为继。看得出，无论是公司主管还是设计师，当然主要是公司决策层，对于市场陷入长久迷茫期。从前只用顶级模特做形象代言，从 2010 年起，不断改用美艳不可方物的电影女明星，演《金刚》的 Naomi Watts、前阿汤嫂 Katie Holmes、性

KATE HUDSON FOR ANN TAYLOR
ANN TAYLOR

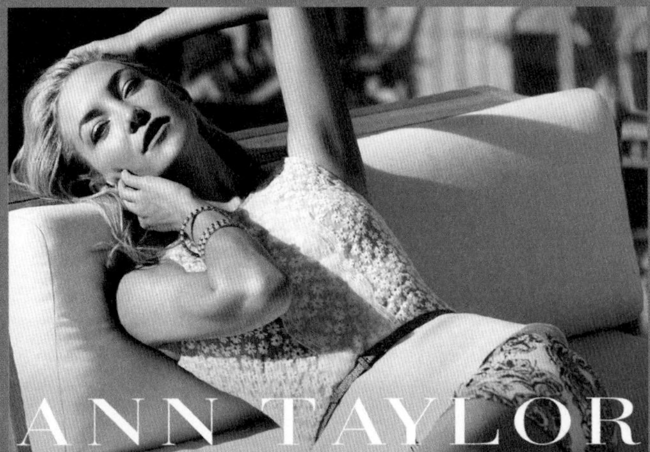
ANN TAYLOR

ANN TAYLOR

感有力的 Demi Moore 和甜姐儿 Kate Hudson 相继出现在曼哈顿每一家 Ann Taylor 店铺的落地橱窗里。可儿张明丽的脸还是难掩店铺内的暗淡，Ann Taylor 一直在挣扎，直到今春，才好像总算从这种迷茫中缓过点神儿来。

回想 1999 年新年前的那一次疯狂减价，现在在行业内工作了数年，我已经知道，其实那正是 Ann Taylor 品牌方向不明的征兆。任何一个品牌非理性的降价，对于消费者也许是福气运气，可对于商家却肯定是损失，是某种失误造成货品积压后迫不得已的选择。那个失误究竟是什么？我们好像已经习惯了时尚风水轮流转的规律，品牌一个季度的失误就可能导致毁灭在我们已习以为常，所以没有人顾得上追究。时尚的惯例是总会有让消费者更喜欢的品牌出现，可时尚工业的残酷也在于此。也许正因为这样，现在再看到钟爱的品牌大减价，我都会尽力买几件留下。一是那样的价格难遇，二是很有可能，那将是那个品牌的转折点，也许是转往坏的方向，也许是转往好的方向，无论是什么，都是那个品牌不会再有的画面。不知不觉中，现在每次打开衣橱，我都多少有点“白头宫女在，闲坐说玄宗”的滋味了。

可是，我的女性朋友问，时尚不是最易过时的吗？你买了降价品，不怕很快厌腻吗？

确实。不过我也发现，因为有了这些这样的故事，衣橱里那些旧衣服依旧有着生命。要不在这样美好的节日季节，我也不会仍然如此纪念 Ann Taylor 了，而且带着那样一种纪念最后姿色的甜蜜和怅然。

4 Banana Republic

The original Banana Republic was founded by Mel and Patricia Ziegler in 1978. Gap Inc. acquired Banana Republic in 1983, eventually rebranding it as a mainstream luxury clothing retailer. To set itself apart from Gap as a more upmarket brand, Banana Republic occasionally buys and refurbishes historic buildings for its retail locations.

Banana Republic

P40/48/49/50/51：2014 年秋季位于纽约五大道和铁熨斗区的店铺内。作者摄

不再有香蕉的 Banana Republic

这几天整理衣橱，意外发现几件我 1999 年在纽约买的旧衣。其中一件是“香蕉共和国”（Banana Republic）的灰黑色半长风衣，47% 丝、31% 羊毛、22% 马海毛，手感清爽，颜色纯正，工艺极为讲究，即使过了十五年仍闪着新到手时泛丝的光。我几乎不敢相信这是“香蕉共和国”的产物。翻开领签，看到产地一栏写着：Made in Italy。更为意外的是，我的收据袋里竟还保留着它的价签，原价 395 美元，我应该是五折后再五折买的，120 美元左右。大概当时觉得过于物超所值了吧，一直保留着作纪念。

之所以不敢相信，是因为今天的 Banana Republic 无论价还是质都跟从前大不一样了。

之所以年份记得特别清楚，是因为我那年同一天毕业、搬家、上班工作，为搬家轻装便丢掉了几乎所有从北京带来的衣服，而急着上班又需要迅速重建衣橱。（当然这恐怕也是一个“弃旧就新”的借口，那时已经意识到了北京与纽约在时装方面的差异。）这一件 Banana Republic 风衣便是当时突击购买收获之一。彼时正值纽约零售业的黄金时代，今天所谓的奢侈品牌还没泛滥，市面上几个中档品牌，如 Banana Republic、Ann Taylor、J. Crew 等，正群雄逐鹿、朝气蓬勃，市场分割脉络非常清晰。

另一件我保存至今的 Ann Taylor 白底黑梅绣花丝衫可能更反映当时的流行气质：时尚多少是妩媚动人的，拿给今天熟悉 Ann Taylor 的人看，大概很难猜出它会是十几年前的 Ann Taylor。都说老时装品牌像酒一样有年代可论，中档服装品牌的年代感其实也很明显。“你这是哪年的 agnès b.？”回答假如是今年，那它至少意味着：在某第三世界国家生产；比过去使用的棉轻了至少三分之一；最重要的，多半是黑色的，而不是十年前万种风情的鲜艳的橙或妩媚的粉了。

这种变化如何而来？又是在什么时候开始的呢？

Banana Republic 创立于 1978 年，是两个年轻人，学艺术的帕特里夏和学新闻的梅尔偶然发现的商机，他们后来成了齐格勒夫妇。梅尔有一天在悉尼一家二手服装店闲逛，突然发现一件棉质卡其色外套。帕特里夏帮他做了些改动，用真皮在肘部打了两块补丁，把铜纽扣换成了木扣，去掉了口袋的上盖，把一件类似军装的衣服变成了一件游猎装。Banana Republic 的概念就这样开始了。

品牌最早专做非洲丛林和旅行主题服装，所以叫“香蕉共和国”。起初靠目录销售。这本目录被称为“美国时装史上一件重要物证”，它不是用照片展示服装，而是手绘，且每一件都会配上一段具有异域情调的虚构故事，写手还是当时的知名作家，其中包括居住在旧金山湾区的赛拉·麦克法顿。

随后公司开始扩展零售，店铺装饰概念也别致奇特，装饰物都用真家伙，比如真吉普车、真青蛙等。1985 年，电影《走出非洲》的上映，让美国人对遥远的非洲产生幻想，男主角罗伯特·雷德福穿的那种四个兜的非洲旅行装风靡一时，Banana Republic 的风格正暗合了这一潮流。

可惜我到纽约时，奢侈昂贵的丛林激情时期已经过去，1983 年 Banana Republic 被 Gap 公司买下，到九十年代，手绘目录、非洲丛林主题都被彻底摒弃，品牌新定位为“主流高端服装零售业”。

一变身“主流”，首先意味着独特性的丧失。不过今天回想，当时平均价格在二百到四百美金之间的 Banana Republic，高端品质还算名副其实。那时候除了最高级系列在意大利生产，主要“Made in America”，不过也开始有海外产地了，比如韩国，只是还较少见到第三世界国家。

与 Banana Republic 发生变化的同时是背后时装工业的变化。1999 年，我上学最后一个学期在一家专做 Donna Karan 次线品牌的公司实习，公司里有自己的样品车间（sample room），让我以为全美国的服装公司都是如此。到正式上班时才发现想象不对，我工作的第一家公司便没有样品车间。公司只有五六人，六七隔间，很小。不过虽然小，美国老牌内衣公司 Maidenform 却把他们几乎所有睡衣订单都下给了我们。当时不知老板有什么特别本事，后来了解，他的特别就是他虽为瑞典人，却因为早年做水手，是个香港通，成了美国最早一批拥有香港代工资源的服装公司老板，他噼里啪啦摁几下计算器就能向 Maidenform 报上比其他公司都低的价格，而且质量还有保证。

新世纪的头五年，我接连换过几家公司，其中规模较大的都仍有样品车间。可很快我就接连见证了一家公司样品车间的关闭；一家公司把车间转移到了巴基斯坦，留下人走屋空的凄凉；也见证了一家公司迟迟不愿关闭或无法关闭车间而最终导致公司转让的情形。不情愿是主观，无法关闭却是很多高档品牌订单量不高，不足以在海外找代工的无奈。

再看此时的市场，分别于 1989 年和 2000 年进入美国的 ZARA、H&M 快捷时尚品牌影响力越来越大，号称每年有一万件新款进入市场、且从设计室进入店铺只需两周时间的 ZARA 们，彻底打败了平均需要半年生产周期的传统时装工业。纽约八大道服装中心的工厂差不多都关了，海外代工成为不可逆转的潮流。于是，一方面在 Banana Republic 的挂签上几乎清一色地看到的都是第三世界产地的名字，另一方面更高档的品牌，比如 Donna Karan、Calvin Klein 纷纷寻求出路，以次线或次次线品牌进入中档市场以求增加销量，从而也能挂上第三世界产地的标签。时尚业的格局完全改变，像 Banana Republic 等几家“老牌”主流中档大众品牌被上下夹击，迅速陷入低谷。今天如果降价季逛 Banana Republic，你看到的基本就是一卖场的垃圾。同属一家公司、定位比 Banana Republic 更低一档的 Gap 更让人不忍目睹，无论使用多么大牌的电影明星做招牌，也回天乏力。

去年底，我和一位女友在纽约苏荷为节日采购。从几家衣店出来，她突然问我：“你有没有觉得现在的衣服都不如从前好了？”

我诧异她问得这么犹豫，在我看来，这早已是“还用说吗”的事实了。

全球化不是应该让我们以更低廉的价格享受更好的品质吗？她问。

可事实并不这样如人愿。相反，全球化在很多方面演变为一场价格战，你的资源便宜我比你更便宜，可成本有价，因此牺牲的就只能是质量了。比如 ZARA 的一件原价二百美元左右的羽绒服，穿一次里面的鸭毛就一根一根往外长刺；而当年我花二百美元买的一件 Banana Republic 的及地长款羽绒服，要不是因为我太矮它太长因而扫街扫得太脏只得扔掉，我相信至少还可以再穿十年。

当价格决定一切的时候，已经不分主流非主流，牺牲质量的时候也就是牺牲想象力的时候，没有了香蕉的 Banana Republic 让我们的衣橱比十年前不知平庸了多少倍。

be silly
be honest
be kind
-emerson

BCBGMAXAZRIAGROUP

BCBG

Max Azria was born in Sfax, Tunisia as the youngest of six children to a Tunisian Jewish family. As a child, Max was educated in southeastern France before his family relocated to Paris, France in 1963.

BCBG

P52/58/59/62/63：纽约店铺及橱窗。作者摄

P60：2015 春季时装秀。品牌提供

BCBG：怎么个好风格好态度

BCBG 据说是从意大利语缩略而来的，译成法语后是 bon chic bon genre，译成英文后是 good style good attitude，再译成中文是：好风格好态度。BCBG 其实全称 BCBG Max Azria，因为最后那个词不容易一下子念出来，就被大家简化为 BCBG 了。

曼哈顿岛上有六家 BCBG 店铺，两家在上东城，一家上西，一家中城五大道，一家铁熨斗区，一家苏荷，听起来都是相当好的地段。在这个看人看脸、看地址要看邮编的虚荣年代，BCBG 凭这几个邮编，应该可以被认为是相当有档次的品牌了。它的定位也的确是这么说的，而且，穿它高线品牌的名流里也的确有像莎朗·斯通、哈莉·贝瑞、碧昂斯，甚至安吉丽娜·朱丽、凯瑟琳·泽塔琼斯这等绝对大牌的明星。不过，真的去逛一下这几家店址的话，你可能会生出些许似是而非的疑惑：它到底算是多高级呢？似乎还不如离它两步之隔的 Joie 那么容易辨别。

上东城的麦迪逊大道是所有欧美高级时装品牌高订系列的云集之地，BCBG 虽也跻身此道，不过已经到了 66 街，出了 Armani、Lanvin、Dior 等聚集的最奢华地段。中城五大道多年被评为世界最贵商业街区，不过这个五大道指的只是从 50 到 60 街短短一段，BCBG 虽也冠着五大道的街名，却是在 40 街了，距离 Ferragamo、Fendi 等至少十条街以外；而且位于公共图书馆的正对面，周围已没有一家像样的服装店，这对于一家经营高档服装服饰的店铺来说，肯定不是多么理想的选址。几家铺面里面的模样就更差强人意，除了五大道旗舰店还算开阔，其他几家要么是一窄溜细条，还扭七扭八的局促；要么就守在一个逼仄、尴尬的把角上，连两扇像样的橱窗都没有，怎么看都像是见缝插针挤在那里，还不如几个连锁中档品牌比如 J. Crew，或者快时尚品牌 ZARA 等店铺看上去宽敞豁亮。

我不是一个"唯地址论者"，也没有虚荣到看试衣间大小就对品牌妄加喜恶的程度；不过，坦率地说，一家店铺的洗手间里，如果擦手纸的质地特别绵软淳厚的话，的确会影响我对这家店铺的好感度。因此，之所以在上面说了那么多关于 BCBG 外部硬件的"坏话"，其实想说的还是它的软件：像它的名字和选址一样，BCBG 品牌本身似乎的确给人过于曲折、不舒朗的感觉。品牌名虽贵为法语，风格跟法式却也不大沾边，不清爽，有时还有稍显刻意的复杂。常常是，第一眼看去，其情调似乎特别符合某种理想，可试穿以后多半都作罢了，这又是另一种曲折的体验。每次走至店铺门口都想进去，可再一想还是放弃了；可是每次，终归还有趴在门上看一眼的冲动。总之，这个品牌就是这样叫人"不大痛快"，不能痛快地爱，也不能痛快地不爱。

旗下高线品牌 Max Azria，Max Azria Atelier 以及 1998 年收购来的更高档的 Hervé Léger label 也是如此。不知道是不是创立于洛杉矶的缘故，品牌设计师 Azria 先生对红毯情有独钟，三个品牌都制作红毯礼服。很多次，我都被苏荷区里 Hervé Léger 的橱窗吸引，可走进里面只有一间公寓卧室那么大的店铺，又总不免生出“有哪个我知道的好莱坞明星适合穿这身红毯礼裙呢”的疑问。

BCBG 的创始人，现任设计师、总裁、执行官都是 Max Azria 本人。他生于突尼斯，少年在法国受教育，后来在巴黎做过十一年设计，1989 年移居洛杉矶开女装店，八年后推出以自己名字命名的品牌，成为美国设计师。品牌在他的名字前，冠上了 BCBG 四个字母，自然是有特意削弱设计师品牌身份的意思。后来他又推出单独的 Max Azria 系列，也证明了这一点。他在宣传 BCBG 时，也推广着他的理念：“以让消费者负担得起的价格提供设计师档次的时尚。”简单说，这个理念就是希望把设计师的品位时尚平民化。

如果看平面广告，看 BCBG 在 1996 年开始进入的纽约时装周 T 台秀，或者在店铺里笼统一瞥，这个理念似乎表现得非常恰当。曾经有一度，我其实特别喜欢走到货架前摸它所用的面料，的确相当讲究，有很多不大能在其他品牌店里看到的新研发材质，尤其各种针织面料相当丰富、独特，

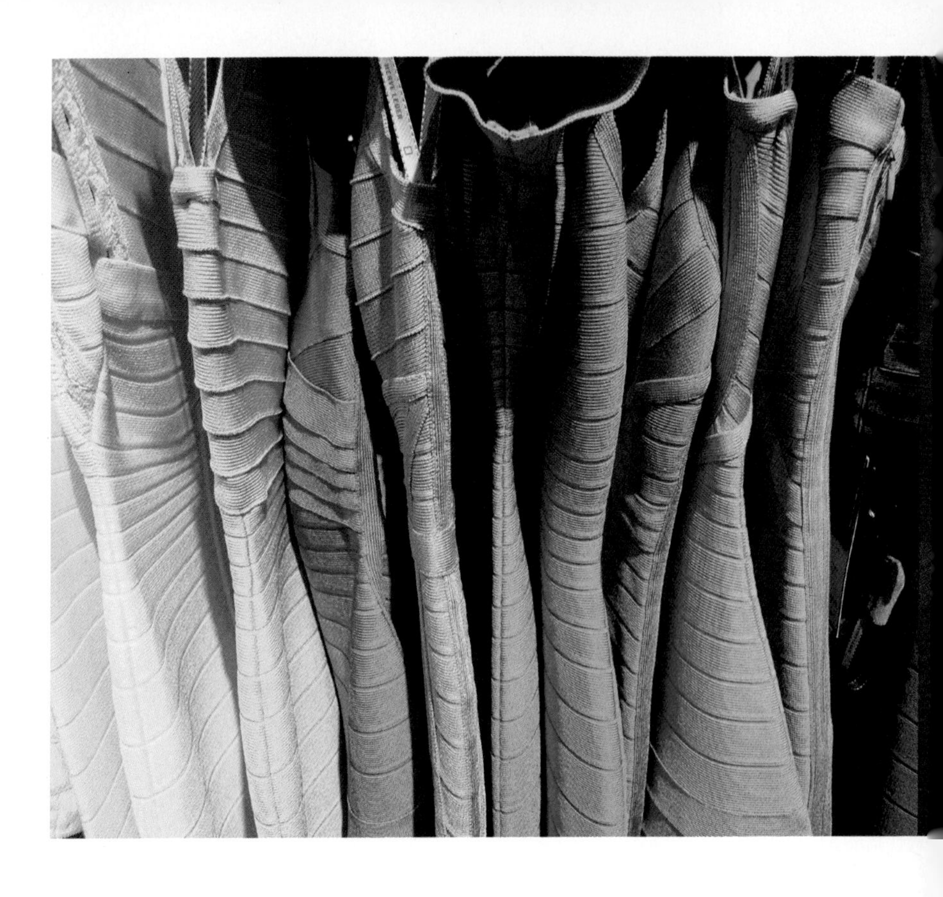

绝不廉价；色彩、印花或织花图案，甚至结构，虽然不“法国”，可能还隐约看得出突尼斯文化浓厚背景的影子，但的确当得起“设计师档次”的美誉，绝不庸俗。这是他的理念中有关“设计师档次”的部分，这部分一点问题没有。可是到了如何平民化的部分，似乎就有点麻烦了。平民化的最好指标是价格，这部分其实完成度不差。BCBG 的价格并不让人望而生畏，尤其降价季，运气好的话几百美元就能拎走一大包。

那么问题出在哪里了呢？这么好的品牌，为什么我只在五六年前集中买过一季，后来就再没入过衣橱呢？

昨天刚好去店里闲逛，看见一款双层针织棉黑白撞色开襟衫，提花“皇

冠”图案也是双面撞色，正反可以交换。图案很炫酷，布料手感也超级爽润，于是兴奋地拿进试衣间试穿，可结果却是——没买。这是我在 BCBG 店里经常有的经历。具体就这一件而言，不是面料不好，也不是图案不够诱人，可穿上就是有那么点不舒畅。那么酷炫的图案，腰身却方直而拖沓，像保守，又像要掩饰什么，整个人立刻老了十岁，而酷炫的图案也变得有点不妥有点不安，只得别别扭扭地放手了。

不过我感觉别扭，完全不能说明就肯定没有不感觉别扭的女性。任何一个能存在下来的品牌，都一定有它精确瞄准的目标客户，BCBG 也一样。根据它橱窗里的模特及其销售目录上模特的样子，我推想适合它的女性大

约应该是这样的：

不能太瘦，也不能太丰满，热衷运动而有点结实的肌肉最好；经常需要面对其他女性或男性，有在气势上绝对不能输给对方的硬朗；完全不必粉饰自己的柔美；经常会有从公司直接去参加宴会特别是酒会的需要；这样的女性要有一定夜的魅力，不过把外套披在身上穿着以显示力量还是她们最觉舒坦的样子。

这样的女性听起来定位非常明确，我们似乎可以马上想象到身边的女性经理人们。可是现今社会，这样的她们还愿意或者还需要用 BCBG 风格来强化自己的形象吗?

生活节奏那么快，女性承担的责任在不断地增大，内在常处于战斗状态，外在是不是倒可能更渴望休闲放松？通常紧绷绷硬梆梆的 BCBG，是不是就显得过于挑战而不大容易为女性接受了呢？实际上，我注意到，身边很多杰出的女性，大多更善于以柔克刚。虽然偶尔的确有把衣服披在身上以强化肩膀力量的需要，不过，更多的情形下，她们更愿意以柔软的姿态进攻；因为这个时代，已经就是她们的时代，她们没有把自己扮演强大的需要了。

她们需要的隐晦不是不明朗，而是更婉转迤逦。

她们也不大看邮编，而是逛，就要逛一家真正让她们舒服心仪的店。

Club Monaco

In 1985, Canadian Joe Mimran and Alfred Sung opened the first Club Monaco store in Toronto on Queen Street West. This store, which still exists today, originally included a cafe below the sales floor.

Club Monaco

P60/66/70/73/74/75：2014 秋季店铺橱窗。作者摄于纽约

Club Monaco 与法式风情

自从五大道上的“高岛屋”关闭以后，传统意义上的五大道对于纽约本地居民来讲，就基本没有多少存在的价值了。我的每周一走，虽然还是会从中城开始，可走的中心地带明显渐渐南移，真正开始逛多半要到铁熨斗区的五大道了。这条商业街上的店铺虽大都也是连锁店，没有太多独特有趣之处，不过日常更为需要的中档品牌多些，有几家每次都会驻足的，“摩纳哥会馆”（Club Monaco）是其中一家。为它驻足的缘由，却又有些特别。

“今天很漂亮啊！”

每次进门，都会这么由衷地感叹一句。甚至常常还没进门，就已经对着橱窗饶有兴致地拍照了一通。

“是啊，换了新季的色板（color palette）了。”

门口的主导购总会这样愉快地引我进去。不知道是不是期待我能有所花销，但至少期待我是一团良性的人气。

说实话，Club Monaco 的衣服买得不多，偶尔冲动买过几次，最后大半也退掉了。衣橱里有的几件，多是在它的样品售上买的，是那种最终不会上市、所谓“独一无二”（one of a kind）的样品。不过，这不妨碍我对这家店铺本身的喜爱，每次走到铁熨斗区，尤其在秋日绵延的下午，微弱的阳光和体内积蓄的热量都快散尽的时候，远远看见它的橱窗，它特有的气味，衣香、书香、花香和咖啡香，就开始召唤我穿过马路进去稍作停留。

“啊，真是越来越像法国品牌了。”我这样跟导购小姐说着。

“是不是啊，”她说，“好像都这么说呢。我也爱死这一季的颜色了。”

这样的对话要是在1990年代中期我刚到纽约时是绝无可能出现的。

那时我住在哥伦比亚大学附近，离学校不远就有一家 Club Monaco，和它的竞争对手“Banana Republic”在同一条街上各守着一个把角。虽然都以职业装为主，Club Monaco 的颜色更简单些，常常只有黑灰白，对人体的长线条要求又更高一些，我因为矮兴趣自然都偏给了 Banana Republic。

三年后，我搬出了那个区域，之后十年，生活发生了几次变化，最重要的一变要算告别全职设计师职业，于是职业装就渐渐退出了我的衣橱。经营职业装的店铺偶尔还会逛，但大多只为好奇它们在发生着什么，很少为我还能与它们发生什么关系。大设计师们都说衣服不仅是衣服，还是一个人生活方式的表现，对此我颇为认同。就这样过了两三年，有一天在铁熨斗区又偶然走进 Club Monaco，突然发现它也变了，而且变了很多。那一季最核心的颜色竟然是勃艮地酒红，佐以低调柔和的奶白和银灰，整个店铺不再像过去那样冰冷，曼妙了很多，轻灵了很多，完全不是我印象中的Club Monaco了。

“是不是换了设计师？”我问导购小姐。

“岂止是设计师，我们连东家都换了呢。”

新东家原来是Ralph Lauren。Club Monaco在创建15年后于1999年从一家加拿大公司变成了美国公司。

业内评价Ralph Lauren，常说他除了是位杰出的设计师，更是一位头脑极其聪明的生意人。虽然他肯定不会直接参与Club Monaco的管理，可这个品牌到他手下后的转型在我看来还是带有他那种聪明的印记，也带有他脸上常见的一种果断和倔强。2008年经济危机后，服装业普遍陷入低迷，很多中高档品牌退守基础色、基础剪裁式样，用普遍性取代个性以争取更大的消费群体。Club Monaco却逆反地风格化起来，摒弃冷酷、沉重，温情释放中性含蓄、柔美轻巧的欧式风情，而且特别突出法国风格符号，几乎在一季之间让这个品牌名副其实地像“摩纳哥的会馆”了。对于美国市场来说，法国风格从来都既是一个卖点，也是一种态度，就好比Ralph Lauren自己，甫一出道，先把犹太姓氏Lifshitz改成了辨识度很高的法语姓氏Lauren，这种聪明，表达着他对欧洲美好品质的执着，当然更表达着

他对美国市场和人心的洞察。

什么是法国风格？如果在互联网上搜索这个词，会出现大量教导美国女人如何穿得像法国女人的知识帖。“这个颜色很法国”或者“这个穿衣风格特别法国”，常常听到这样的说法，好像我们心里早都有了一套关于什么是法国风格的标准。色彩、裁剪当然是最容易辨识的元素。比如，法国女人喜欢含蓄的平和色，运动鞋很少大红大绿；穿图案印花，会选择最低调的方式；涂口红，不希望引起特别注意。跟美国女性比，她们更喜欢整洁的线条和流线型轮廓，喜欢隐晦的性感，无须炫耀。不过，这些都还太表面了。

在我看来，懂得遵循香奈尔的原则：在走出家门前照照镜子，拿掉身上的一件东西，而不是增加一件。这是法国风格。

法国女人即使住在简陋、狭小的空间里，即使口袋里没几个钱，也带着一股“关你鸟事”的傲慢。这是法国风格。

去年，Club Monaco 五大道旗舰店买下了隔壁的物业，套间连体开了一家咖啡店，一家书店，半间花店。《纽约时报》为此还做了特别报道，可见此事对纽约零售业态的影响。咖啡店是在布鲁克林威廉斯堡颇有名气的 Toby's Estate Coffee，书店是在纽约文化人心中如同圣地一般的 Strand。虽然两家店在这里都大幅度缩小了规模，Strand 书店的书籍只有 700 册，不及纽约大学附近主店的十分之一不说，也完全没有了它前卫和朴素的锋芒，更像一间充满小资情调的精巧阅读室。不过这两个小套间还是给了 Club Monaco 机会，向人们展现它重建生活方式和态度的信心。三家店统一色调，都以奶白色为主，连咖啡店的品牌咖啡机都特别定制，喷上白色漆粉，换上木柄摇手，虽然是很小的细节，却让细心的人感受到精心生活的美妙。这在我看来，也是一种法国风。法国女人让人动心的，不是她们穿什么，而是怎么穿；Club Monaco 也如此，让人动心的不是卖什么，而是怎么卖。

每次到店里闲逛，我总会逛到后面左右两间试衣间。这两间试衣间都相当奢华，在同档次的品牌店铺里，应该是最奢华的：大面的落地镜，舒适的长沙发，精美的装饰物，从天花板直落地面的厚重窗帘。其中的一间实际为降价区使用，面积小点，配置却几乎同等规格。在我看来，这也是一种法国风格。一个人的穿着品质不是由价格的高低决定，即使口袋里没几个钱，对于风格也绝不妥协。

每次去铁熨斗区的 Club Monaco，总会遇见能对品牌津津乐道和不厌其烦的销售，几乎没见过比 Club Monaco 更由衷地为自己店铺骄傲、并对美特别敏感的销售员了。这也是一种法国风吧。那天看一个讲法国高级定制设计师试衣的纪录片，试衣模特是法国女演员凯瑟琳·德纳芙，她看着镜子

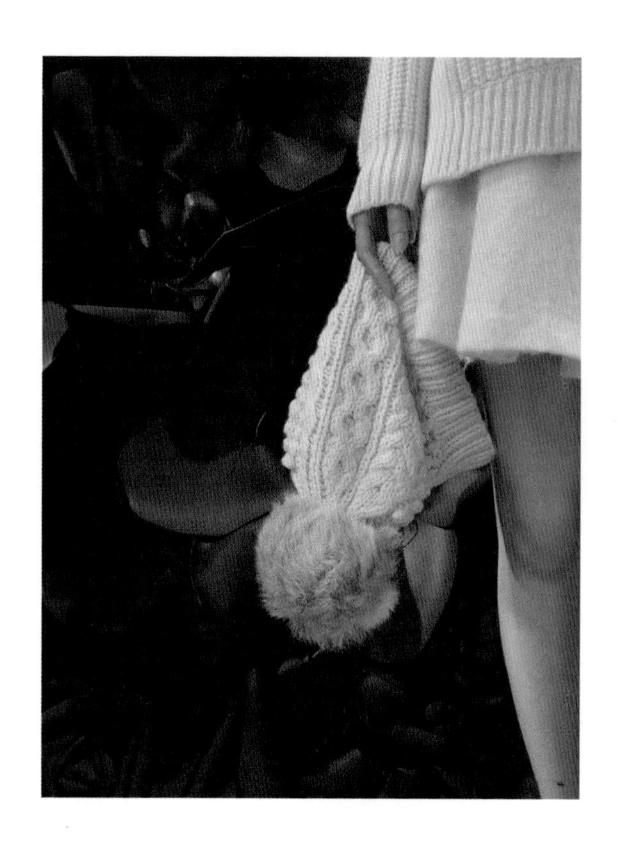

里的自己跟设计师商量说说，能不能把裙子弄短一点，就一根头发粗细那么短—— a hair short。这在我看来，是最终极的法国风格。

有人会问，既然这么好，为什么你的衣橱里它并不多呢？这是因为，摩纳哥会馆的销售目标定位在 20 至 35 岁的女性，而我早已过了适合穿它那种高腰线条的年纪。这也是我理解的法国风吧，没有什么比得体更要紧。

STRAND

CHASE

Cotélac

Cotélac was created in 1993 by textile designer Raphaëlle Cavalli. Cotélac, which means"next to the lake", had its debut in Raphaëlle's hometown of Lyon, France. Cotélac's signature is the unique treatment of each fabric.

Cotélac

P76/82/84/85/86/87：品牌作品。品牌提供

P77/78：店铺内。作者摄于纽约

Cotélac：在另一座城市的情人

不知为什么，一想到 Cotélac，我的脑子里总有这样一幅画面：漫天风雪，我手里攥着一张写有地址的纸片，在里昂旧城的街道上寻觅，最后终于在一条小巷的拐角处找到那个门牌号，随即小心地推门进去。这个场景，倒也并非完全出于想象，应该说大部分真实，只是没有雪。我走进 Cotélac 其实是在余热尚存的九月，因为刚刚下过一场绵绵中雨，空气突然变得湿冷。而之所以总是想到那样的一幅画面，也许只是我对这个品牌的微妙感觉吧：异乡的，酷而冷郁的，与以往经验特别不同的。

我一直把 Cotélac 当艺术品穿，它也的确是非常艺术的。王尔德说，人要么自己是件艺术品，要么穿件艺术品。可 Cotélac 给我的感觉似乎更好：穿了一件艺术品，自己也好像立刻变成了艺术品。这样说，不免有自恋的嫌疑，可是对 Cotélac，我还是得这么说。

第一次遇见这个品牌是 2001 年第一次到巴黎出差，不过第一次购买却是几天后坐火车到里昂的时候了。虽然在法国算是连锁店铺，可不同城市不同地址的铺面样貌有不小差异，在里昂静谧曲折小巷里的那家似乎最合我意。高大，粗旷，幽暗，简朴，波西米亚，都是我容易一见钟情的元素。

再加上初秋寂寥的雨意，我走进店铺时真好像兜里揣着一本诗集，心绪特别黏着。店老板不大会说英语，可格外热情，我坐在只用一挂厚布帘遮挡的大试衣间里，她不断送衣服进来。送来的任何一个款式都让我立刻着了迷，简直无法停止对镜子里的人“啧啧”感叹。大约因为这个缘分，后来只要到里昂，我就一定会去 Cotélac 逛一逛，也一定至少买上一件它的当季品，而且不考虑价格。Cotélac 像我的里昂纪念物。那个店老板也一直都在，于是每次都买了不止一件，我的衣橱里渐渐地竟也集起了一个小小系列。

Cotélac 的好是显而易见的，不是那种流行性的好，而是无论裁剪还是布料、印花都有一目了然地特别。首先是它的裁剪方式，我应该再没遇到过比它更懂得女性身体结构的品牌了，臀部和腿部线条尤其优美。在我的小系列里，有一套三件式西装，当时瞬间被它打动的就是试穿以后臀部的感觉。很像好的推提式文胸之于女性的胸脯。腰高也恰到好处，腹部即使有点肚腩，也被奇妙地抹掉了。裤腿在膝盖部位有一个细微的自然弧度，再向裤脚延伸下去，腿部线条就被自然拉长。这条裤子特别符合王尔德说的，一件做工好的衣服——是随穿着它的女子的身成其形，随其运动成其折。（A well-made dress … takes its shape from the figure and its folds from the movements of the girl who wears it.）

裤子看似简单，细看却处处用心。比如，裤脚剪成不规则形状，用软中带硬的网纱做边，踝骨都立刻袅娜起来。腰间一只小兜，点缀精巧，也隐讳地打破原本无奇的线条。小西装上衣对应设计，也是小兜，袖口也用了网纱；衬里则另外用了一种撞色印花绵绸，顺利过渡到里面也使用同一种印花绵绸的小衬衫。三件套搭配清新而文艺。我记得几天后我又坐火车回到巴黎，一边向朋友展示一边说着太美妙了，真有点舍不得穿啊。朋友说，快穿，否则很快就过时了。可穿了这么多年，今年拿出来，仍然没有过时之感。这大概就是时尚和艺术的区别吧，香奈尔曾引申王尔德的话说，时尚转瞬即逝，而艺术不朽。这么说，Cotélac 至少在我这里，是称得上艺术品的。

它也的确与艺术有关。每一季每一个系列里，Cotélac 总有几个款式用的是印花布料，这些印花图案不是从印花设计工作室买来的应季作品，而的确都是真正艺术家的艺术创作，也常常像艺术品一样，只作为 Cotélac 服装系列里的限量版出现。这些图案通常都有细小的几何感，整齐，重复，有些需要凑近才能看个详细。它们比之从印花设计工作室买到的时尚图案最大的不同，是无论色彩还是内容都一点不赶时髦。不是流行色，总是偏向中性色调；也不是流行形象，常常抽象怪异却又天真。不时髦的东西往往才有可能弥久耐看，这些衣服即使挂在衣橱的最深处，每每不经意瞥见时，心中也会荡起一小幅涟漪。

Cotélac 的创始人兼设计师名叫 Raphaëlle Cavalli，她除了喜欢与平面

cotélac

绘画艺术家合作，也喜欢与音乐家合作。大概因为这，很多时候，如果安静地在店里走着，的确会听到某种属于 Cotélac 才有的音乐性的流动。

因为远在法国，之后的大约十年，我跟 Cotélac 每年最多只会因为出差而有两面之缘。也许正因为此，每次在酒店放下行李梳洗毕，便会迫不及待地朝它奔去。每次离开它时，如果看到了它还如从前般好就会心满意足，不好则会失落神伤。它简直像极了一位住在异国的老情人。

2012 年的一天，我照例在纽约苏荷区每周闲逛，突然在绿街街头一个安静的铺面位置看到了崭新的 Cotélac 招牌。那种惊喜真犹如与遥远的情人在自家街头偶遇，惊得竟有些不知所措。我趴在门口的大橱窗上往里足足眺望了几秒钟不敢推门进去。不敢，是因为惊喜之余也生出了少许惆怅，不知道推开门看到的是否还是心底的那个样子。我们内心其实是期冀那个属于里昂的情人只属于里昂就好，这样连里昂的空气就会永远有种无比独特的气息，让我们在艰难生存之余因为想到远处还有那样一个存在而回味甜蜜心安。世界上任何一座城市大抵都是如此吧，有仅只属于它的东西，才让我们魂牵梦绕。

为此，我真的是怀念从前那个若即若离的 Cotélac。

进入了苏荷的 Cotélac，与巴黎的 Cotélac 显然有所不同了，法国情调似乎少了，令人相思的那种文艺情绪也少了。后来发现，Cotélac 不但开进

了连锁店铺密集的苏荷，还开进了相当中产阶级的曼哈顿上城，更开进了世界其他九个国家，现在全世界已有超过一百家分店，实现了所谓的“国际化”。国际化的另一个说法可能就是大众情人化。若不如此，它怎么既能被巴黎人，也能被台北、东京、巴塞罗那的人民统统爱着呢。这样一来，我已经分不清是里昂的情人变了腔调，还是因为难得一见的人儿变成了身边人就习以为常，再去巴黎，我再也没有急切奔向它的冲动了。

为此，我真的是怀念从前那个若即若离的 Cotélac 啊。

8

DONNA KARAN
NEW YORK

Donna Karan

Donna Karan was born in Forest Hills, Queens, New York City. After leaving college, Karan worked for Anne Klein, eventually becoming head of the Anne Klein design—team, where she remained until 1985...

Donna Karan

P88/95：纽约麦迪逊大道旗舰店的后院。这家店已于 2014 年关张。作者摄

P94：Saks Fifth Avenue 百货公司里的 Donna Karan。作者摄于 2014 年秋

P96：2014 秋季 DKNY 作品。来自网络

Donna Karan:“禅”的后院

唐娜·凯伦（Donna Karan）绝对不是我最喜欢的女性设计师，也不算我喜欢的纽约设计师，可我的衣橱里跟她有关的衣服最多。对于任何一个女人来说，这都不算奇怪。巴黎世家（Balenciaga）是我的最爱，我却没有一件有他商标的服饰，连所谓仿冒的“A 货”都没有。这能说明什么呢？大概说明兜里的钱只能决定一个女人对时装的妥协，不能决定她对时尚的想象力。想象力这东西，对于设计师则是另一种法则了，有没有都可能是她的长处。唐娜设计的衣服，她说她都要自己试穿过，透着就那么没有想象力。她的名言是，我绝对不会卖我自己都不穿的衣服，我不穿，别人也不会穿。男性设计师就不能做到这一点了，所以也就不做。不这么做，想象力倒也可能更自由一点。媒体或消费者夸赞唐娜时，的确很少听到有谁夸赞过她的想象力，她从来没文艺过，特别天马行空过，甚至从来没旖旎细腻过，这些都不是她的长板；不过也好，相对的，她的长板便是憨厚朴实，自然大方，有时还有那么点大大咧咧，是最像纽约的纽约设计师。

Donna Karan 旗舰店原来在纽约上城麦迪逊大道夹 68、69 街之间，去年秋天却突然毫无预告地关张了，让我唏嘘了好一阵。如果不是非关不可，我想唐娜无论如何不会这么做吧。因为，那家店虽然从前面看跟那条街上的其他店无异，也是座精雕细刻的战前小楼，不过曲径通幽，她在店后面留了一所小院，那可是最让她骄傲的一道风景。麦迪逊大道那段不足千米的街区可谓纽约最“高贵”的，所有世界大牌的旗舰店差不多都聚齐了，Armani，Chanel，Dior，Valentino，Lanvin，一家紧接一家，不过，能奢侈地拥有一所后院的，唯 Donna Karan 而已。那条街我常逛，天气好的话，店也不用进，只随意地溜达溜达，用相机拍拍橱窗，就能有“差不多了解了全世界流行风向”的满足。不过每次走至 Donna Karan，我一定会进去，一定会从一层走到三层再走下来；即使在唐娜把这个她一手创建的、以自己名字命名的品牌卖出去、退居幕后只担任设计总监虚名以后，仍是如此。而每次进去都很愉悦。逛店虽说是女人的癖好，可细想想，真正能逛出愉悦感的也不多啊。

这愉悦，就跟那个后院有直接关系。

院子其实是一个长方形天井，进店不久，便可以透过巨大的落地玻璃看到了。面积不足百平米，不宽阔但纵深，另外一栋青灰色居民小楼靠在尽头，算是它的后墙。院里种了一丛青竹，汪着两墨池潺潺清水，两块随意摆放的不规则巨石。地砖总是灰白的，头顶接着的一爿天有时是蓝的，大多时候，是青灰的。每次还没走进去，只远远瞄见，就已经感觉到“禅房花木深”的幽僻。而除这些之外，在与店铺三米高的玻璃侧门相对的院侧还落地摆了一面二层楼高的裸镜，走在店里的任何位置，都能让人产生所谓照“禅”的反应，看到镜子就仿佛看清自己每一个念头中所包含的贪、嗔、痴，会有当下把它照破的欲意。

这个后院，被唐娜大大咧咧地叫做“禅”。

可是禅，不是那么轻易就能叫的。

坊间关于这个院子，流传着一则故事。话说某年圣诞前夜，唐娜要在店内宴客“爬梯”，可竹丛后面那栋楼上几户芳邻的窗户正对院子，互相都有不便。唐娜于是豪情大发，把整栋楼居民都请往豪华的 Plaza Hotel——就是当年道格拉斯先生迎娶泽塔琼斯小姐的那家古老饭店，让他们白耍了两天两夜。这院子从此声名远播，后来很多人来店里，为的不尽是唐娜的衣物，而多为那座后院。我第一次去便是如此。

这故事当然跟禅没什么关系。禅这东西到了美国，很容易衍变成一些东方元素的堆砌，到最后总被弄得更像风水师的事，而且也只是风水师的事了。比如那面镜子就被传有聚财不散的功能。唐娜在把公司卖给别人之前，曼哈顿中城另一家次线店 DKNY 也是她经营的。开张的头两年状况一直不佳，几乎要撑不下去了，后来也是听从风水师的主意，把大门外的一方石柱对着门的一棱削掉，成为三角柱的一面，然后在上面嵌入一面落地大镜，对准大门，风水果然逆转，店铺才兴旺起来。因此，用禅的概念做 Donna Karan

旗舰店的后院，多少更像是推销员的心思，多一个卖点而已，跟禅沾不上多少边。不过，这也正是唐娜大大咧咧的性情所在吧。

不沾边当然也有好处，就是不复杂，好和坏都显而易见，傻乎乎也不怕，样样东西都明摆着那么清楚。从前无论是 Donna Karan，还是 DKNY，都有种直白简单的活力。面料就是那么好，样子就是那么简简单单，不遮掩也不曲折。Donna Karan 用的平面模特也一眼看上去就像是长年瑜伽爱好者，修长却不恶瘦，锁骨清晰却不病态，面容姣好却不矫情。她所有店里的所有颜色都肃静，Donna Karan 尤其如此，土色，石色，各种度数的灰，五十度，七十度，九十度，连象牙色都不常出现，艳色更只非常非常偶尔地露脸。每季的主打色，还都被她用自然界某种神秘且暧昧的东西命名，比如我最喜欢的一季，颜色主题叫“shadowdust”——阴影的尘，这个尘自然是她心中“何处惹尘埃”的那个尘了。

如果你喜欢纽约那种不事雕饰的自然，那种一目了然的价值观，那你多半会喜欢 Donna Karan。如果你喜欢纽约街头那种大大咧咧的热闹，随心的随便，那你多半会喜欢 DKNY。在一年两季的纽约时装周上，DKNY 总是被认为最纽约的纽约品牌，T 台就好像把时代广场直接搬上去了一样。

去年二月，我赶场跑纽约时装周的间歇，正好逛到 DKNY 苏荷分店。店里那时顾客不多，一名女店员正在用电脑播放白天上演的 DKNY2014 春夏大秀。突然间她叫起来：“终于可以秀文身了！”看到我的疑惑，她连忙解释说，你不知道吧，以前 DKNY 的 T 台上是绝不能出现文身的，连店员也不允许暴露身上的文身。这一季显然发生了让她喜欢的变化。她拉起衣服袖子给我看，她的两条小臂上刺满了青蓝色文身，因此以前的夏天不管多热，她都必须穿长袖上班。今年夏天！她兴高采烈地说，总算可以解放了。

这算是 DKNY 的时尚，也算是纽约的时尚。看似漫不经心，其实让每个人都能跟时尚发生属于自己的关系。时装能做到这样的程度，无论如何，它也算带有几分禅意了。

MADE IN

9 Eileen West

Eileen West bridges the gap between comfort and luxury. As a San Francisco-based designer, she draws her inspiration from the natural beauty of California: the breathtaking coastline, the wildflower fields of Sonoma, the varying light over the San Francisco Bay.

Eileen West

P98/99：作品。作者摄于纽约

P104-105/107：安吉丽娜 · 朱莉穿着 Eileen West 与新生儿登上杂志。来自网络

P108：品牌作品。来自官网

Eileen West：还是祖母的老睡袍最贴心

去年夏天回北京，陪我一位开服装店的女朋友去大红门批发市场进货。在一个摊铺里看见满满一架外贸尾单的睡衣，意外发现它们竟全是我曾任职的美国 K 内衣公司的产品。其中除了以针织棉为主的几个品牌，也有市场少见的、专以梭织棉布为特色的 Eileen West。

在美国中偏高档的内衣市场上，Eileen West 大约是最长寿和最稳定的睡衣品牌了。如果各大百货公司内衣区里的睡衣部门能有详细的历史记录，那么一定能看到每家公司所销售的品牌更迭得有多么频繁，即使没有达到"今天进明天出"残酷程度，大多数也逃不过仅仅两三年甚或两三季便一进一出的节奏，被市场淘汰的名字不计其数。曾经占据所有高档百货公司内衣区半壁江山的 Andréa Gabrielle，现在很多人连它的名字都不会念了。曾经颇有影响力的 Via Mode，Jean Yu 等，现在要么完全销声匿迹，要么只在几家小精品店才能觅得芳踪了。

同时，内衣区的整体和局部风格也在不断变化着。1990 年代中期我刚到纽约时，高档百货公司 Saks Fifth Avenue 里还是传统形式的睡衣的天下，几年后，就被越来越华丽性感的基础内衣（主要指文胸和内裤）挤出了中心地带，现在则又被越来越有时尚感的塑身衣抢尽风头。普通睡衣被压缩到不足五分之一的规模，而且位置早就从原来滚梯上来的迎面退避到滚梯背后，也就是内衣区最不起眼、也最不需要引人注目的地方。有些品牌虽然名字没变，可私底下已数次易手所属公司，东家隔一二年甚至半年就变换一个。每换手一次，风格自然也跟着发生一次变化。

似乎只有 Eileen West 一直没变。

它的设计室还在加州的三番市，还是由 Eileen West 本人参与并监管设计，还是与美国历史最老、规模最大的内衣公司 K 进行授权合作（licenced），也还是交由后者负责其生产和销售。更重要的，它还一直保持着从 1978 年品牌创建以来的风格：传统的梭织棉布料，配以大量棉质地蕾丝；以白色为主，每个季度也搭配工作室自绘的飘着加州自然气息的印花图案；还是宽身袍、高腰线、泡泡袖，带着一股老式英格兰乡村味道，几乎是美国百货公司内衣市场上唯一一个还残存着 19 世纪“嫁妆”时期白麻睡衣影子的品牌。简单说，它一直都是那么一副“老祖母的旧睡衣”模样。从三十六年前发布第一套系列直到今天，甭管摆放在它周围的睡衣品牌从性感到超级性感怎么风云变幻，它一直风淡云轻，从没华丽过，从没现代过，从没过短过也从没暴露过；仍旧老派、保守，可也仍旧实在、舒服。最大的变化，恐怕只有老主顾才能发现，它的面料质地越来越绵软了，也越来越符合现如今环保的理念了。

设计师 Eileen 本人身材高大，甚至有几分英俊，是个典型的美国女人；可性格安静，相当低调。

能获得这点信息，皆因我曾在她合作的 K 公司供职，因而能在每个季末的销售预备会上见到她。否则，要想在网上找到关于她的消息，可不那么容易。说来奇怪，无论从品牌的历史长度看，还是从现在在中高档大众睡衣市场的稳定性看，Eileen West 都应该算是一个名气不小的睡衣品牌。早在 2005 年，她本人作为设计师就获得了美国内衣工业年度大奖 Femmy Award 的终身成就奖；可发达的互联网上却没有多少有关她和品牌的报道，维基百科连词条都还没建立，当年她获奖的新闻也只选配了一张很小的头像照。官网对设计师的个人信息相当惜墨如金，工作照都不舍得放出一帧。对于品牌，她似乎也表现得没有太大野心，既从不主动上新闻，每个新系列出来，即使是“高级定制”系列，也从不做秀。这在当下大小品牌都绞尽脑汁要通过各种手段强搏出位的环境下，实在是种奇怪的存在。常常被朋友问起穿什么品牌的睡衣睡觉，每次除了想说我自己的以外，也很想说 Eileen West，可多数人的反应都是一头雾水。要是让他们到百货公司的内衣区去找，在那么一片“性感丛林”中，如果不特别留意，估计也不会一眼发现它的魅力。

The tired but happy parents with (from left) Pax, Viv, Zahara, Knox and Shiloh (lying on top of Maddox). "Each of our children is unique and special to us," says Angelina.

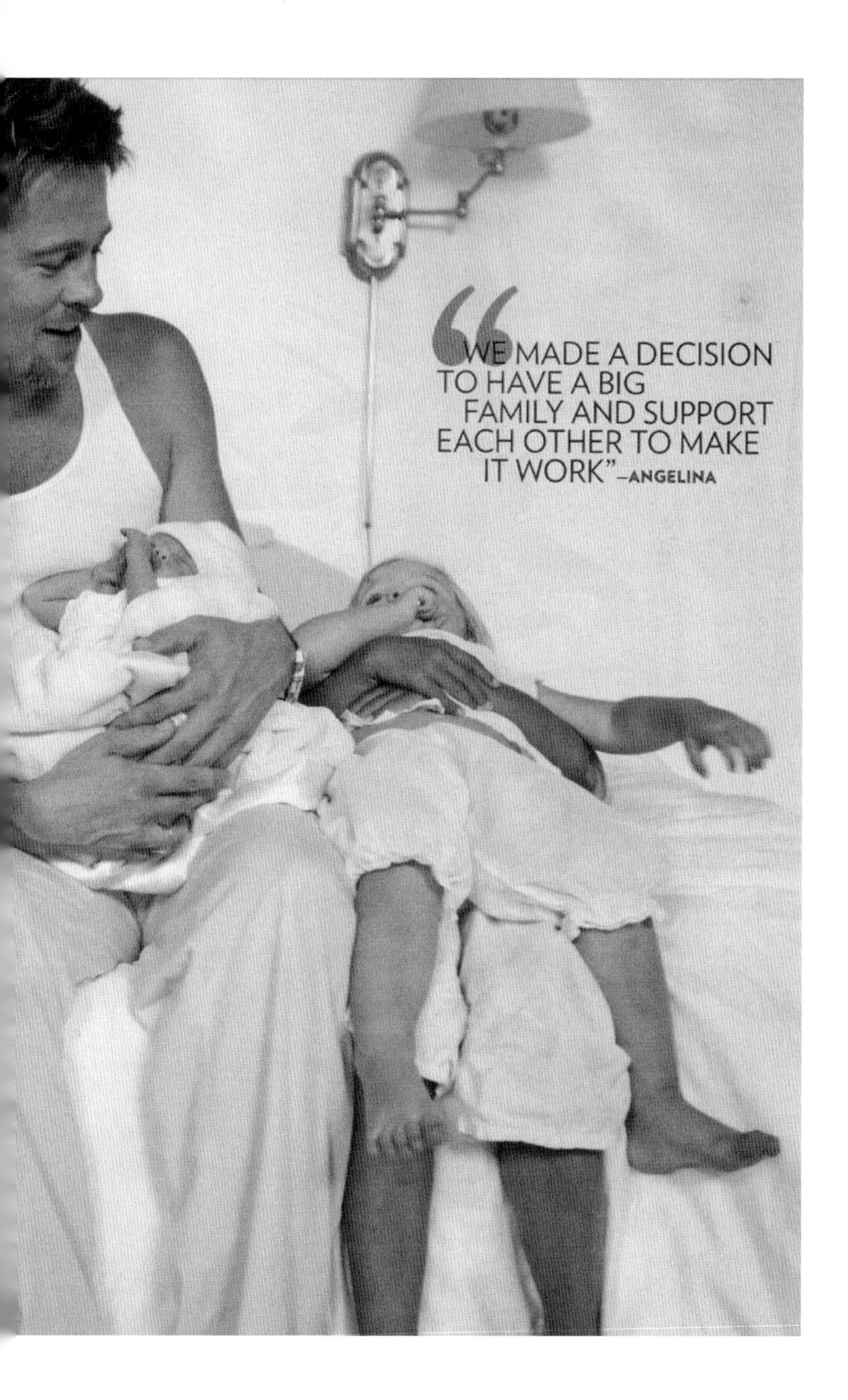

“WE MADE A DECISION TO HAVE A BIG FAMILY AND SUPPORT EACH OTHER TO MAKE IT WORK” —ANGELINA

不过，再低调，见过 Eileen West 本人，也很难不对她留下印象。这跟她的品牌很像，一旦注意到了它，就很难不在自己的内衣橱里给它留个位置。

后来发现，原来在内衣橱里给它留了位置的不光是我，也有不少好莱坞大牌明星。尽管在百货公司内衣区里，Eileen West 总是最不性感、风格最老旧的那个，可跟它发生关系的好莱坞明星却都以时尚性感著称。因为这样的缘故，尽管她从不主动上新闻，新闻首页却也多次出现过她。对此，连她自己每次都直说惊讶。比如 2006 年，好莱坞影星安吉丽娜·朱莉抱着第一个新生女儿登上 OK 杂志封面和 W 杂志封面加数页横跨内页，许多行内人一眼就看出来，在布拉德·皮特镜头里美得令人窒息的朱莉，穿的白色长睡裙正是 Eileen West 的设计。2008 年，《人物》杂志花 1 400 万美元买下的朱莉与新生双胞胎以及他们父亲的那帧举世闻名的封面照，朱莉穿的仍是 Eileen West。这一次这一款领口布满蕾丝，把这位年轻的母亲衬托得格外柔美。2012 年，还是《人物》杂志，歌星杰西卡·辛普森也穿着 Eileen West 的一件白睡裙、抱着刚满月的女儿登上封面。今年，电影 *The Other Woman* 的预告片暗示，女主角 Leslie Mann 将穿着 Eileen West 的一袭紫罗兰色睡袍和绣花睡裙出现。所有这些事件，Eileen 说，她都是事后知道的，这些明星的经纪公司从没直接找过她。

性感内衣一直与好莱坞明星有着密不可分的关系，有一个内衣老品牌就

GEORGE

EILEEN WEST

叫“弗雷德里克的好莱坞”，极尽魅惑几乎到垃圾泛滥的程度。私密内衣的时髦化和世俗化，也的确离不开碧姬·芭铎、拉娜·特纳和梦露这些好莱坞性感宝贝儿的推波助澜。朱莉这几张照片一出，人们才蓦然发现，原来明星家居也像我们普通人一样，会首选舒适贴身的品牌，心里也有跟我们一样的“老祖母”情结。

我们常说时尚的本质是求变，可 Eileen West 却是一个反证。这么多年，它安静地执意于初念，在奢华和舒适间稳妥平衡。恐怕也正因为此，这些好莱坞明星在远离璀璨耀眼的光环时，会把它当做最贴心的“那一件”。就像莎拉·布莱特曼在 *The Journey Home* 里唱的：“Sometimes standing still can be the best move you ever make.”（有时候，站在原地不动倒可能是最好的进步。）

守中以致远，在时尚加速度变换的今天，站在原地仍不失为一条可以走得通的路，Eileen 让我们多么安心。而且她还告诉我们，怀旧的力量从来不可小觑。

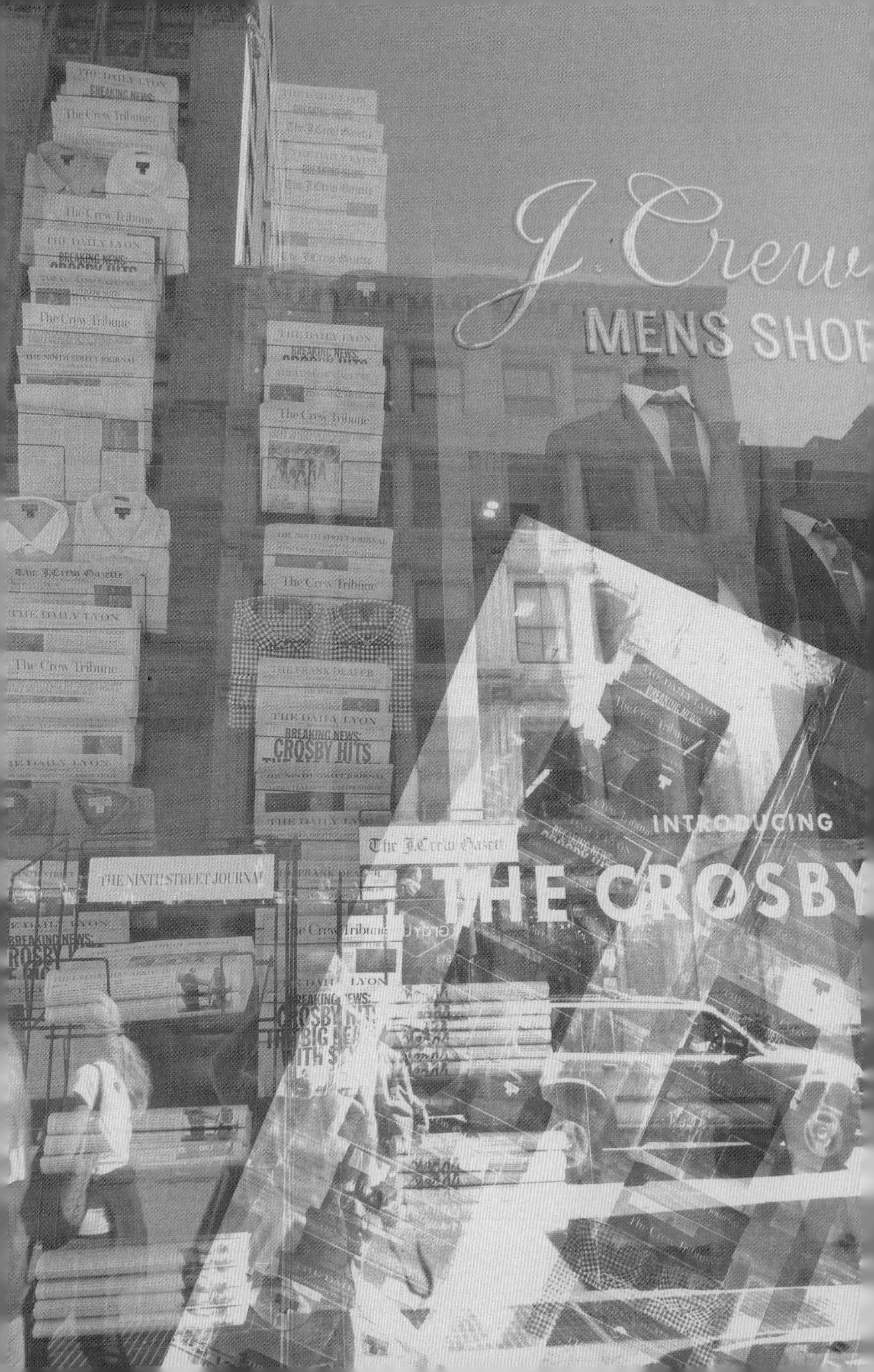
J.Crew
MENS SHOP
INTRODUCING
THE CROSBY
THE DAILY LYON
BREAKING NEWS:
CROSBY HITS
The Crew Tribune
The J.Crew Gazette
THE NINTH STREET JOURNAL
THE FRANK DEALER

10 J. Crew

J.CREW

J.Crew has been criticized for labeling its new super-small jeans as "size 000". J.Crew was previously criticized for selling "toothpick jeans". Critics have said the labeling promotes vanity, a practice known as vanity sizing.

J. Crew

P117：老销售目录。来自官网

P110/118/121/122-123/127：纽约几家店铺内及橱窗。作者摄

P125：J. Crew 对细节的追求。来自官网

J. Crew: 要生活风格还是生活品质？

写我的《内衣课》一书写到睡裙（slip）小节时，因为提议每个女人至少应拥有一件斜裁睡裙的“生活风格”，便下意识地打开我自己的衣橱审视起来。（睡裙反映的“生活风格”是什么？这里就不细说了，总之是一种雅致的居家状态。）

我的那一件还是1990年代末在纽约买的，杏黄色薄缎质地、V字低胸、小宽肩，挂在衣橱里虽然十多年了却依然合体，面料依然柔软，依然保持着良好的垂感。不用看，我也记得它的领标是J. Crew。不过，它是否算得上有风格，我还不那么确定。

第一次见到J. Crew，是到纽约后第一次去逛南街港。南街港是纽约保留小面积历史遗迹最好的一块地方，码头上长久停放着几艘旧海船，其中一艘名为“Peking”（可想而知它的历史有多久）。附近的整条富顿街（Fulton Street）用鹅卵石铺就，不远处立着泰坦尼克号纪念灯塔……一走到那里，就像回到了19世纪中期，能依稀看到欧洲移民的影子和纽约海上商贸时期的生活模样。街边排列着衣店、酒吧和餐馆，这些店铺外表都很低调，内里却十分现代，历史与现实完美融合呈现出安静、悠闲的迷人气氛，因此总是吸引众多旅游者，也是纽约本地居民周末的好去处。1989 年，J. Crew 的第一家门店就开在这里，直到 1993 年，它一直是 J. Crew 在全美唯一的一家门店。

选址在南街港，我相信决策者有着周密的考虑，它应该特别符合 J. Crew 在那一时期所提倡的“简单生活方式”（simple life style）：放弃繁复，轻松自在，借用一点历史遗迹给休闲提供一种特别沉迷的情调，周末度假式的轻便旅游正是休闲风格最理想的环境。不过之所以不能确定我的那件斜裁短裙是否有风格，是因为 1990 年代末，J. Crew 已被投资商收购，正在从“生活风格”的倡导者向“生活品质”的方向转型。这件斜裁短裙显然更像品质时期一件有质量的衣服。

回想 J. Crew 三十年的发展史，其实也是梳理美国时装史上三个重要阶段的过程：销售目录时期、零售业扩张时期和回归精品商业时期。我有幸经历了后面两个阶段，虽然没能赶上第一段，却还感受到了它的余温。这三个时期，也是美国大众中档服装业从倡导“生活方式”到“生活品质”再回归“生活方式”的过程，其实也是追求个性、消除个性再恢复个性的过程。

美国的目录销售很早就有了，到 1980 年代初进入黄金时代，目录零售商 Land's End、Talbots，以及 L.L. Bean 在那一时期都取得了辉煌业绩。J. Crew 原本是间家族式女装公司，1980 年代由儿子阿瑟 · 辛内德接手后，转型经营目录销售，名为“时髦俱乐部计划”（Popular Club Plan），由阿瑟刚刚大学毕业的女儿艾米丽负责目录整体策划。她提议在目录中表现某种“preppy”风格，并给这部分目录单起一个别名“J. Crew”。所谓 preppy，是一种低调、高贵又有点保守的私立学校预科生风格；目录的其他部分则塑造一种轻松、惬意的消闲式“风格生活”，两者相得益彰。整体来说，J. Crew 近似 Ralph Lauren，也主打棉质 T 恤和开司米 Polo 套头衫，不过价格低得多，定位目标客户为受过良好教育、平均年龄 32 岁、平均年收入在 6.2 万美元以上的富裕年轻人。

1983 年 1 月，J. Crew 向消费者投寄出第一份销售目录。不到五年，销售额即从 300 万冲破 1 亿。

追求有风格的生活，在当时是美国时尚普遍流行的主题。休闲风在今天不算什么新鲜事儿，可在 1980 年代正装一统天下时，smart casual 的概念可是相当前卫。那时候风格化即个性化，有风格的东西被认为有品位，相继出现了 Nautica 的航海主题，Banana Republic 的非洲丛林主题，以及已经颇有影响的 Polo Ralph Lauren 的马球主题。这些主题都很小众，却非常时髦，能拥有一件有航海标志或打马球 logo 的 T 恤是很令人骄傲的事儿，因此虽然个体小众，整体却颇为大众。比较起来，J. Crew 所提倡的生活格调可能不那么直接，也不单纯，却是最容易实现的。它既不像马球或航海运动那么昂贵，也不必要到遥远的非洲才能完成，而是在家里、街头甚至办公室里，加上轻便的旅行、短期度假，少许的异国他乡味道，每一个中产阶级都可以自享其乐。最常出现在目录里的，是一群穿着 J. Crew 的老朋友在家庭聚会上拍的照片;封面则经常选取一个简单的度假场景，比如一条公路，一条充满欧罗巴气息的古街巷（美国人对欧洲总怀有不可救药的情结），沙滩、海上、滑雪场，公路上的古董老爷车里等。总之，穿着 J. Crew 各种明艳色彩的休闲装的模特们，总是一脸惬意，让人感受到简单生活的快乐并对之心生向往。我在逛过 J. Crew 店铺以后，也很快申请成为它目录的接收者，每次拿到手都看得津津有味，也常常有拎上简单行李立刻上路的冲动。

那时的销售目录做得格外用心。曾经看到一本 Abercrombie & Fitch 早年的销售目录，竟然有将近 500 页，完全像一本出版物，而且免费在店内发放。J. Crew 的目录也极尽详尽，展示一件衣服通常会用不止一张照片，并由不同的几个模特穿着，让顾客看到衣服穿上身以及穿在不同人身上的效果。还会配上布料近照特写，充分展示衣服质地；另有衣服与配饰的搭

old
So many other chino makers
mimicked our striped
waistband of recent years
that it lost some of its savor,
leading us to re-create a
plain waistband closely akin
to our grand old original
from many a year back.
And while harking back to
the old we felt an urge to
balance things by creating,
and adding to our selection,
a group of new and distinctly
non-military colors. The
J.Crew chino–old, but new
at the same time.
Please turn page

1994

配方法推荐和介绍。（这些做法现在都仍被 J. Crew 保留着，只不过载体从目录转到网站上了。）这本目录虽然比不上 A&F500 页的规模，不过每本做足一百彩页，每年制作十四期（后改为二十四期），如此迷人的主题，如此细腻的编辑，如此快速的更新，投寄给近 10 万目标客户的密集度（现在已是 8 000 万），J. Crew 迅速火爆起来实在在情理之中。

1986 年，艾米丽擢升为 J. Crew 运营主席，1989 年，公司正式更名为 J. Crew，销售目录也随之更名。同年 3 月，J. Crew 进军零售业，第一家门市店选在曼哈顿南街港开张。同时，它也进一步扩展了产品范围，增加睡衣、外衣、工作装、夹克等系列，希望借由高价产品弥补低价产品（比如它最出名的 T 恤衫和袜子）销售的不足。

不过物极必反，任何事物在极盛过后总会转向衰落。进入 1990 年代后，邮资和纸张都涨了价，目录销售的生存变得脆弱起来。J. Crew 于是急切步入零售业扩张时期，也无以选择地从倡导“生活风格”向“生活品质”开始过渡。那是一段美国时尚业的整体转型期，有的品牌成功了，当然也有的失败了。

回想 1990 年代在纽约见识到的零售店铺扩张的态势，我还清晰地记得当时心理上的变化。最早是兴奋，几乎每个星期逛街都会发现又有新的连锁店铺开张了，一两年之内，在曼哈顿岛上只要走几条街，就能撞上一家 Banana Republic，它的对面则一定是一家 Gap。我衣橱里的 J. Crew 几乎都是在这一时期买的。后来渐渐开始疑惑，这么密集的连锁店铺是否都能赚钱？最后转而失望，每一家店铺都长相相近，装饰一样，货品也完全一样，可能只是降价品库存有少许差别，逛起来已没有多大意思。J. Crew 在当时还不是扩张速度最快的一个，1996 年一年它从不到 30 家店铺增加到 40 家，这个数字远远低于那些由目录销售转型为零售企业的竞争者，比如与其风格接近的 Gap 那时已在全美有 226 家零售店铺。（Gap 后来急转直下、至今仍飘摇不定，不能不说这个阶段的快速扩张埋下了很多隐患。）

零售业快速增加，表面看，与 1994 年美国邮资涨价及其后的纸张大幅涨价 40% 有关，目录销售变得脆弱，零售业就成了品牌急切寻找到的出路之一。不过，也与此一时期资本急遽扩张有关。1990 年代，时装业最热门的话题是各种收购和并购。大到诸多欧洲百年老名牌被一家靠经营酒发财的 LVMH 公司买下，小到美国 Limited 这样的公司买下包括 Victoria' s Secret、

Bath & Body Works 以及 Abercrobie & Fitch 等十几个中档品牌和百货店铺。那时候,每隔一段时间就会听到某某品牌归入某大企业的新闻。1997 年夏,J. Crew 也开始与投资公司商谈杠杆式收购。收购最终完成后，已经冠上夫姓的艾米丽 · 伍兹留下了 15% 的股份。

大资本吞并小企业，资本权力增大，由此造成的不可避免的后果之一，便是趋向“平均化”。这时品牌过去突出的风格就显得碍手碍脚，因为风格总是小众的追求，而要吸引更多消费者走进连锁店，赢取最大化利益，只有靠某种能被大众接受的方式。这个方式在当时，被精明的商人选择为“提倡品质”。所谓品质，具体说就是以材料、质地、做工取胜，资本家根据他们平庸的个人经验做出战略判断，衣服只要料子看着不错，不掉价，风格不风格的不那么要紧。设计师也变得不再是品牌的灵魂人物，资本才是，设计师的灵感不用来自某一种生活方式，他们被要求考虑的只是材料、质地、价格等，以及是否更符合某个阶层或某种职业人的要求。被收购的 J. Crew 于是从相对小众的“生活风格”向绝对大众的“生活品质”逐渐过渡了。以我的那件斜裁短裙为例,它完全不能说有多少特别之处,更不要说“格调”,只是用料不错，品相不错而已。

不单 J. Crew，同一时期的其他中档品牌，比如 Banana Republic 的热带丛林风，Ann Taylor 的优雅浪漫风，Club Monaco 的冷酷风等，几乎都

J.Crew
MENS SHOP

THE SLOUCHY
BOARDWALK
PANT

在同一时期宣告结束，陆续以主流形象进入越来越多的店铺。相比较风格的天马行空，品质的路走起来总是小心翼翼因而越走越窄，于是档次接近的店铺内容越来越像，这时候逛 J. Crew，跟逛附近的 Banana，Ann Taylor，甚至 Gap，已没有多少差别。作为消费者，也就不得不逐渐接受“不是能买到什么风格的衣服，而是能买到什么品质的衣服”的现实。

店铺风格的改变，还直接影响到社区风格的变化。曼哈顿苏荷区曾经是最具艺术家气息的社区之一，那里的店铺多以特立独行闻名，要想买到与五大道不同的特色服装服饰，苏荷总是首选。可逐渐地，连锁店铺纷纷进驻，现在的苏荷区只有表面的建筑风格还是特色，内在早已被彻底平均化，不过是为附近居民和旅游者提供购物的方便罢了。即以当时 J.Crew 在苏荷区王子街上开张的那家门店为例，在那儿买到的 T 恤和 Polo 衫，不过是因为少了那个马球 logo 而价格低于附近的 Ralph Lauren，其他哪还有什么动人的气息?

要风格还是要品质?资本选择了后者，消费者呢?

一般人似乎也很容易对品质有所迷信。Polo 是最好的例子。那个马球 logo 之所以一直风靡，并非它真跟马球发生了关系，而是成功地灌输给消费者一种观念：穿上带这个 logo 的衣服即使不打马球也有了档次。像 Ralph Lauren 自己一样，把姓氏从犹太人的 Lifshitz 改成法语读音的 Lauren，而

且最好读成伊夫·圣·洛朗（Yves Saint Laurent）的洛朗（Laurent），就仿佛即刻提高了身价。

这一时期是J. Crew最“黑暗”的时期。风格消失之后，品质在随后各种生产成本增高的压力下很快就难以得到保证了。进入21世纪以后，我不记得在J. Crew再买过一件衣服。

2008年经济危机爆发给服装业造成巨大伤害，不过也迫使品牌进入新阶段。这一时期的J. Crew与很多品牌在危机后的境况不同，不但没有受挫，反而销售额、股票价值齐涨，并快速透露出重新向“有风格的生活方式”过渡的欲望。这份幸运要感谢第一夫人米歇尔·奥巴马，她从竞选时期的脱口秀到丈夫的就职典礼不断穿着J. Crew露面，把这个正在走大下坡的大众品牌成功打捞起来，让它成为民族工业的旗手，比同档次的其他品牌都更快速地重振起旗鼓。今天的J. Crew大走柔美、温馨、休闲路线，而且品质与风格都不逊色。当然，因为受到第一夫人的追捧，它的价格也比以前高了不少，已经是中档品牌中绝对的高档了。而特别有意思的是，在稍有起色以后，J. Crew和Banana Republic等品牌都相继推出试点店铺，打造有别于连锁店铺那种辨识度极高的统一风格。这是不是说明，人们在经历了十几年连锁店千篇一律的面孔之后，又开始对个性产生了兴趣呢?

J. Crew 最终会怎样还有待观察，不过有一点值得我们注意：它之所以能在第一夫人穿着后起死回生，不是因为为第一夫人做了特别定制，而是因为第一夫人穿的是所有人都可以在 J. Crew 任何一家店铺里买到的款式和花色。这恐怕才是 J. Crew 能迅速被大众市场重新拥护的根本原因。

当然，如果消费者不跟着第一夫人人云亦云、而是总能有自己的主见，那就更是时装工业的福气了。

11 Maidenform

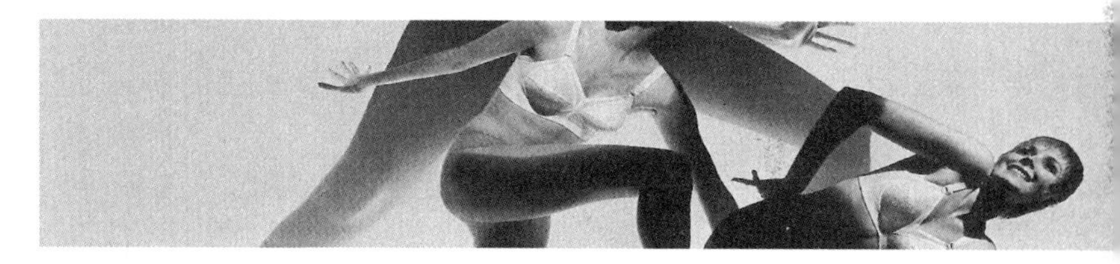

Maidenform was founded in 1922 by three people: seamstress Ida Rosenthal; Enid Bissett, who owned the shop that employed her; and Ida's husband, William Rosenthal. They rebelled against the flat-chested designs of the time...

Maidenform

P135/136/139/140：品牌旧广告。来自网络

我梦见我穿着我的 Maidenform 文胸在……

曼哈顿中城 34 街从百老汇到麦迪逊大道上，密集排列着一排店铺，最西头把角由“维多利亚的秘密”开始。楼腰面对梅西百货的一侧永远竖着多幅巨型广告，每隔一个月就会换一拨新的。梅西百货从前是 34 街的视线中心，现在被一街之隔的维秘抢去了热闹的风头，走到那一带的游人没法不对维秘的各位天使投去热烈的目光。沿街往东走，则会渐渐平静，一直走到尽东头时，如果抬眼，偶尔也会看到另一块不小的看板：一个女人穿着简单的文胸，露出下身长裤或短裙的腰身。看板上最醒目的是一行黑体文字：“我梦见我穿着我的 Maidenform 文胸在……”。有时是“喝着咖啡”，有时是“逛着街”，大多时候是“在办公室里工作着”，总之都是再日常不过的活动。整个版面灰白，唯一的颜色是一个浅粉的字母“M”——这是 Maidenform 的 logo，这块看板就是 Maidenform 的广告牌。

这块看板，我是从对面楼里我办公室的窗户看到的。

很多人一提起美国的内衣，也许想到的就是维秘，可对于大多数美国女人来说，衣橱里没有一件 Maidenform 才是不可能的。在 34 街上的两家广告牌，特别形象地说明了它们的差异：一个立足于热闹的百老汇大道，一个藏身在幽静的麦迪逊大道；一个追求更高的更换频率，一个追求长久的日常；一个夺人眼球，一个朴实无华；一个像时髦喧闹的小女孩，一个像内敛低调的职业妇女……

如果你，无论是二十岁，还是六十岁的你，需要我在这两家品牌中选一个推荐给你，或者问我自己出门时会穿哪一家，我的回答都会是：Maidenform。

这样说，当然是因为我跟 Maidenform 的缘分实在太特殊也太久了——从我入职助理内衣设计师的第一天到自由职业的最后一天，它是我履历表上存在最久的一个名字。我不但做过它的睡衣，也做过它的所有日内衣（即文胸、内裤和紧身衣）。因为跟它的种种关系，虽然我已经不再为它承担设计工作，可现在任何时候翻衣柜，都仍能轻易地拣出几件它的样品，所以任何时候都可以拎一件出来洗洗就穿。

这么随意，却又并非只是因为方便，而是我真心相信它。每日出门，除了文胸（因为 Maidenform 使用的文胸模特的体型跟我实在太不一样，我没有穿过一件它的文胸），它的内裤或者紧身衣（如果需要穿着后者的话），从来都是我不容分说的首选。朋友们让我推荐，我说了 Maidenform 的名字后也总是十分安心，因为我的 Time Capsule 移动硬盘里存着过去十几年它每个季度的设计款式和颜色，对它的设计和生产流程心知肚明。换句话说，我知道我推荐的，不一定是最贵的东西，却是最合适和最让人放心的东西。

放心，不是我们选择内衣的首要之事吗?

在美国众多的现代内衣品牌里，如果不算华纳医生的胸衣的话，Maidenform 的历史最悠久。它是由俄国移民缝纫女工 Ida、她的老板和她的丈夫在 1922 年共同创建的，还有几年就百岁了。

1920 年代，内衣工业普遍还没有引进女性人体科学，而且以不显露女性特征为美，女人们穿着的胸衣像绑带一样扁平。Maidenform 是美国第一个将文胸做出立体形状的制造商，品牌命名 Maidenform，意思便是“女性形状”（所以，当看到把 Maidenform 译作“媚登峰”时，总有种奇怪的感觉），从一开始就注意到对女性身体应有科学的尊重。

说起来，他们制作文胸最初的榜样是日本。Maidenform 在曼哈顿公司里曾做过一个记录公司成长历史的小型展览。那时候我常出入，每次都能看到展橱里的一件文胸样本，那便是来自日本的一件白棉布文胸。与我合作的产品开发部总管丽莎告诉我说，Maidenform 制作的第一件文胸就模仿的这件日本文胸，那大约是八十年前的东西了。日本人对一切跟身体有关的事物都表现出无限敏感是出了名的，内衣文化领先世界毫不意外。时尚教母 Diana Vreeland 曾说，上帝对日本人是极为公平的，没有给他们石油，没给他们宝石，没给他们金矿，什么都没给，却给了他们对风格的感觉。看到八十多年前的这件文胸，我想，对于日本的内衣文化而言，除了风格，上帝还给了他们务实的态度和科学的行动力。

1949 年，是 Maidenform 最成功的一年，它第一次推出圆型织法的胸罩，把女性生理体征大大突出出来。这种胸罩在此后的三十多年里风靡上百个国家，曾创下 9 000 万件的销售业绩。“我梦见……”的广告也是在这个时候出现的。

广告最初并没有使用真人模特，那时也还没有超模，它甚至不是照片，而是一幅黑白或彩色图绘。通常是一个女人一脸愉悦又骄傲地梦见她在某个公众场合只穿着文胸，旁边配以这样的文字：“我梦见我穿着我的 Maidenform 文胸在……（做着某种日常活动）。”后来有段时间，这个女人的梦也开始奇幻和不着边际起来，常常梦见自己穿着 Maidenform 文胸要么变成了女巫，要么扮演起埃及艳后，或者赢得奥斯卡大奖，等等。虽说是梦想，

I dreamed I was a vamp
in my maidenform* bra
TheAdMen

I dreamed I was cut out for fun in my
maidenform* bra
Anyone can cut a fancy figure in Undertone,* the bra that puts young figures right on the dotted line! Maidenform makes Undertone two wonderful ways: regular (1.50); or Pre-Shaped (2.00) with a secret light foam lining to add gentle new curves you'd swear were all you! Embroidered white broadcloth. AA, A and B cup
Other Maidenform styles to make you a living doll:
(1) Maidenette* AA cups, 1.50
(2) Pre-Lude* AA cups, 1.75.
(3) Adagio* AA cups, 1.50

I dreamed I was
WANTED
in my Maidenform* bra
'FRAME-UP'* new bra with 3-way support
Embroidered panels frame, outline and separate the cups. Extra-firm supports at the sides give you extra uplift. Stretch band at the bottom keeps the bra snug and securely in place. It's a 'Frame-up'—in A, B, C cups.
IT'S A STEAL AT
$1.59

可也有成真的时候。据传有位女人曾说，“我梦见我穿着我的 Maidenform 文胸做了州长。”后来她的梦竟真的实现了。

这个广告一出现，便俘获了全社会的心，不单是女人的心，也有男人的心。它表面上是女人对性的幻想，对生活的想象，其实更是男人对女性整体的幻想。这也不难理解，因为广告的创意，其实就来自创建品牌的两个大男人嘛。这则广告用“虚构”的做梦方式，让女性穿着文胸做日常事务变成了一个正常、开放的社会现象，在当时普遍忌讳公开谈论内衣话题的时候，引起全社会对女性内衣的直视和关注。要说维秘是内衣文化时尚化的功臣，那么 Maidenform 为它打下了坚实的基础。

不过遗憾得很，Maidenform 的文胸对于我却一直没能梦幻起来。前面说过，它使用的模特身材与我很不同，顾及的是美国的普遍市场，基础版型偏大，不适合与我相似的偏小身型的东方女性。我们常觉得跟某个品牌的衣服有或是没有缘分，这个缘分看似是神奇的眼缘，其实还是背后并不那么神奇的科学因素。

虽然我从来没能找到一件适合我的文胸，可这并不妨碍我始终是它的拥趸，看到合适身材的朋友，就总会大力推荐。它真的是美国内衣品牌里最朴实也最实用的一个。说朴实，是因为它的文胸细节不多，可提供的款式却能满足任何一种外衣领口形式的需要。它的颜色也不多，每个季度基本色和流行色的比例一直保持在 4:1 或 3:1，就是说三四个基本色，黑、白、肌肤色搭配一个流行色，可无论浅色还是深色肌肤都能找到合适自己的颜色。它可以在美国任何一家百货公司里买到，尽管永远不是百货店内衣区里最花哨的那个，却是你真正最需要的那个，也是价格最平实的那个。说起它的价格，以其品质论，真的是让人“舒服”，在不同档次的百货公司里还会有价格差次，几乎每一种收入水平的女性都消费得起。我每次推荐给朋友们时也总不忘加上一句，虽然价格便宜，质量却大可放心。它的价格层次并不是因为减少设计和生产环节而发生的，我知道，我们即使为 Costco 做的 Maidenform，也像为 Saks Fifth Avenue 做的 Maidenform 一样，从来不会省略一个设计或生产环节，即使一个罩杯模型也都百里挑一。这，一直是 Maidenform 对每一个供货商的要求。而这，也是美国中档服装一贯的信念。

除了以文胸著称，这些年，Maidenform 的紧身衣也做得越来越好了，在 Spanx 异军突起之前，它一直是美国紧身衣市场占份额最大的品牌。近年来，面料不断革新，紧身衣出现了许多新时尚面貌，不同季节有完全不同的面料可以使用，提花、镂花这些非常时尚的元素也都出现在了紧身衣上。有时，即使并不需要紧身衣的塑身功能，我也会因为它面料的舒服和美好而穿着。为身心带来愉悦，不正是内衣最好的功能嘛。

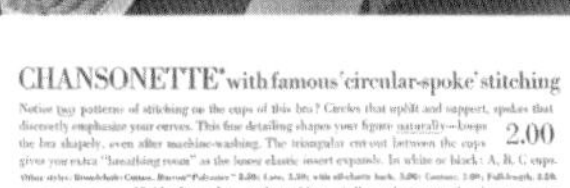

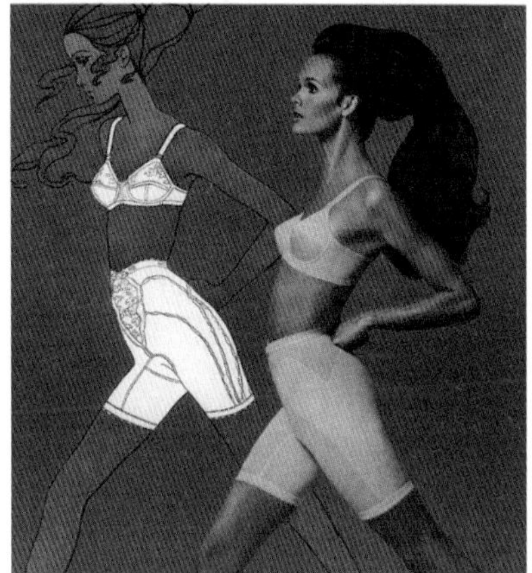

I dreamed I was a sketch
in my *maidenform* Dreamliners

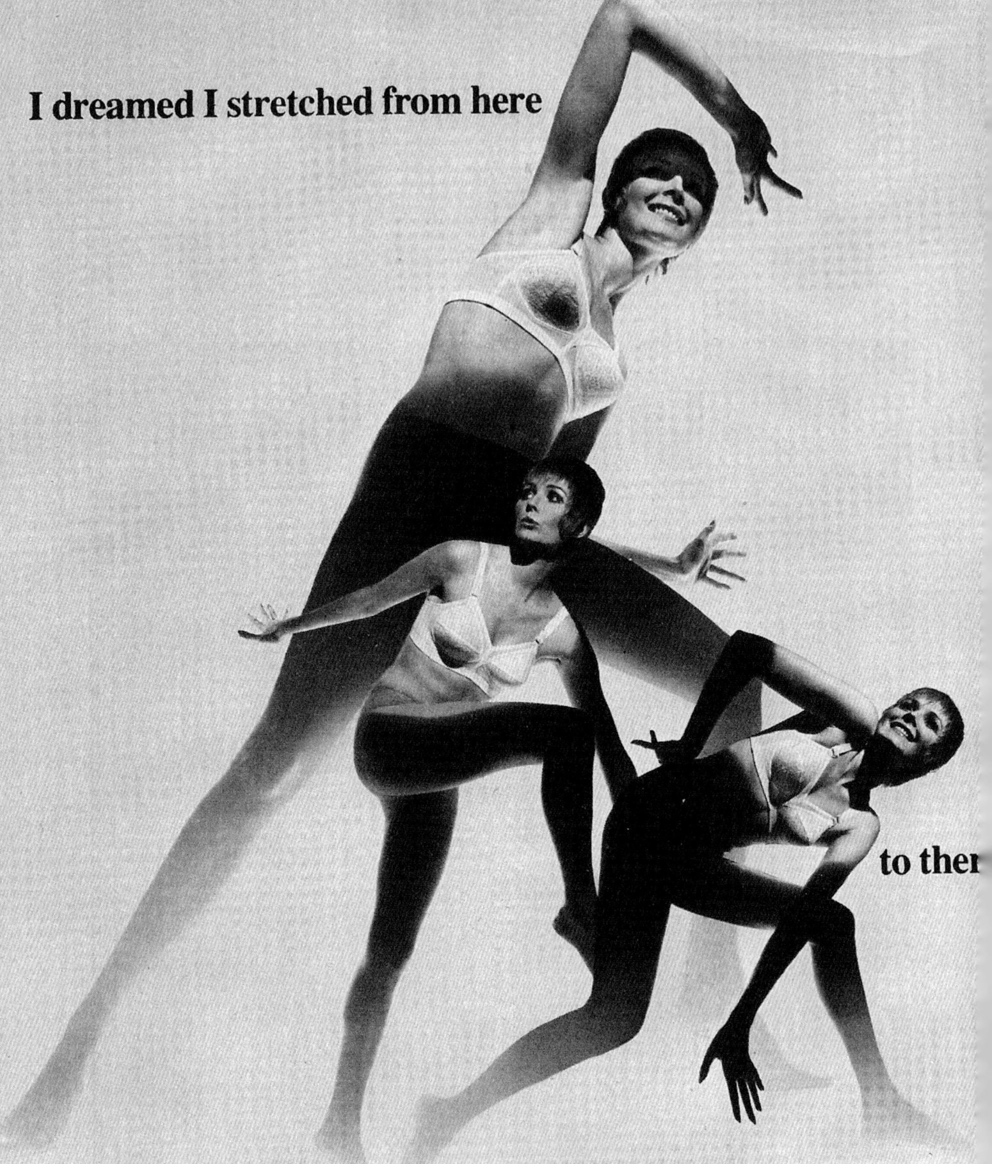
I dreamed I stretched from here
to ther

不过好品牌并不一定意味着好经营。前年，Maidenform 已被美国另一家超级内衣公司 Hanes 买下。

1999 年，我第一次跟着老板走进 Maidenform 在曼哈顿麦迪逊大道上的展示办公区，那时的情景至今历历在目。后来的十几年里，我无数次带着设计稿、展示版走进那座战后老楼，在它宽敞、明亮、安静的办公区与我的买手总监会面。我们从聊工作到聊窗外东河美妙的风景，又因为眼看着她在强大的工作压力下一年比一年发福，渐渐从热烈地聊身体到少聊到最后彻底避讳这个话题……对纽约内衣工业的记忆，Maidenform 一直是美好的一部分，虽然我从未梦见过我穿着 Maidenform 的文胸在做着什么。如果可以梦到，我希望做着什么呢？要是能继续画着美丽的文胸草图应该还是会很动心吧。

Compiled by
Dimitra Mathioudakis
M A R N
MARNI
ITION 2012

12 Marni

M A R N I

Marni is founded by Consuelo Castiglioni in 1994. The fashion line started in 1994, when Castiglioni became known for her contributions to the design of fur, stemming from her husband's family fur business. At the time, fur was typically designed in an old-fashioned manner, but...

Marni

P142/148/154：品牌作品。来自网络

P151/153：位于纽约西村的店铺。作者摄

P152：位于纽约 Soho 的店铺。作者摄

在 H&M 里的 Marni

从来没有跟一个品牌有过这么奇特的缘分：没买过，甚至连基本的了解都还没有，却屡次被朋友问道：你穿的是 Marni 吗?

被问得多了，便不得不对这个品牌产生了兴趣。从几次被误判的情况推断，我想像 Marni 的面貌大约如此：剪裁样式 boxy，这个词译作筒形或箱形似乎都不够准确，总之是不强调曲线，尤其不强调胸部曲线;颜色中性;面料混搭。根据常识，再参考个人穿着经验，我得出的结论是：Marni 应该适合身材偏于瘦小的女性，这类女性通常具有少许少女气质。

直到 2012 年年初，我才在巴黎的 Le Bon Marche 百货公司里为我的判断做了印证。Marni 专柜设在高档品牌那一层，它的旁边是气质与其相近的 Miu Miu。这个与我有特别缘分的品牌果然让我一见倾心：秀气不凡，有波西米亚风又不琐碎，色彩既温和又艳丽，图案既离奇又耐看，形式既简洁又暗含玄机。每一件都是心头所好。只是价格不菲，我已过了为一个 logo 能飞蛾扑火的年龄，即便稍年轻时、挣着还算不少的工资时也很少有这样的冲动。最后，便把爱不释手的每一件都放下了。

转眼到了三月，八日那天我照例在曼哈顿岛上每周一走。虽未春分，气温却已高达摄氏 23 度。之前经过的中央公园里，樱花已经怒放，玉兰满枝，游人酣卧草地贪婪地吸收着维生素 D，青春少女也已迫不及待地露出了胳膊和腿。走至 34 街街角，经过 H&M，意外看见橱窗里有 Marni 的巨幅广告，突然想起之前听闻，这家世界连锁服装店沿袭每年挑选一位客座设计师为其设计一个系列的传统，2012 年春季选中的正是 Marni。

橱窗里的几件卖相甚好，仍符合我先前在巴黎积累的印象，还有超乎想象的新鲜，便忍不住推门进去。可走至店铺最里面，只看到一两杆衣架上稀稀疏疏挂着三四款男士西服。

销售耸耸肩说，就这么多。

我完全不解，怎么会就这么点儿？橱窗里陈列的那些呢，比如那件金属色短袖上衣，那件黑圆点大衣，那几件印花图案很夸张的连衣裙呢？

他撇撇嘴仍说，就这么多了。

稀里糊涂地出来，继续往下逛，走至 18 街街口时又碰到一家 H&M——曼哈顿岛上共有十家 H&M，参与 Marni 销售的有五家。

进门便问 Marni，导购员诧异地看看我说，卖光了。

卖光是什么意思？

“光了，五小时前就全部卖光了。”

这才猛然醒悟那天是 Marni 在 H&M 的开卖首日。就是说，不到中午十二点就被一抢而光了？！

导购对我的反应大不以为然：不到十二点？告诉你，早上八点开门，不到半个小时女装架子就空了。你现在才来？有人前一天晚上十一点就带着睡袋来排队了，夜里三点来的都不一定能拿到允许进店的手牌。拿到手牌的，也只有十五分钟的选购时间。有人一口气就消费了1万美元！走的时候，如果没提着20个购物袋都不觉得幸运。

哦，如此疯狂，就是冲着这只大logo么？

Marni是创始于1994年的一个意大利品牌。跟意大利那些鼎鼎大名服装品牌比，它的历史实在不算悠久，名气也不算大；不过在“后汤姆福德时代”（Post Tom Ford），很有后来居上的势头。主设计师Consuelo Castiglioni以设计皮草起家。1990年代初，皮草还在走老派设计路线，是需要精心打点的奢侈品，Castiglioni却待之如普通面料，变其为具有可穿性的现代时尚。我们现在经常能在Marni系列里看见皮质地混搭面料，跟设计师这个“老底”应该很有关系，它淡淡的“欧罗巴波西米亚”风格也能从她的这份从业史简历中找到根据。我一直觉得时尚业其实是非常讲究起点的，那些认为时尚业门槛低，什么鱼龙都可以混入其中的想法极其片面。所有的优秀设计师都有个了不起的起点，这个起点不是学历，而是感知性和技术操作性，后者尤其重要。很多设计大师的母亲是缝纫师特别能说明问题。起点越高，

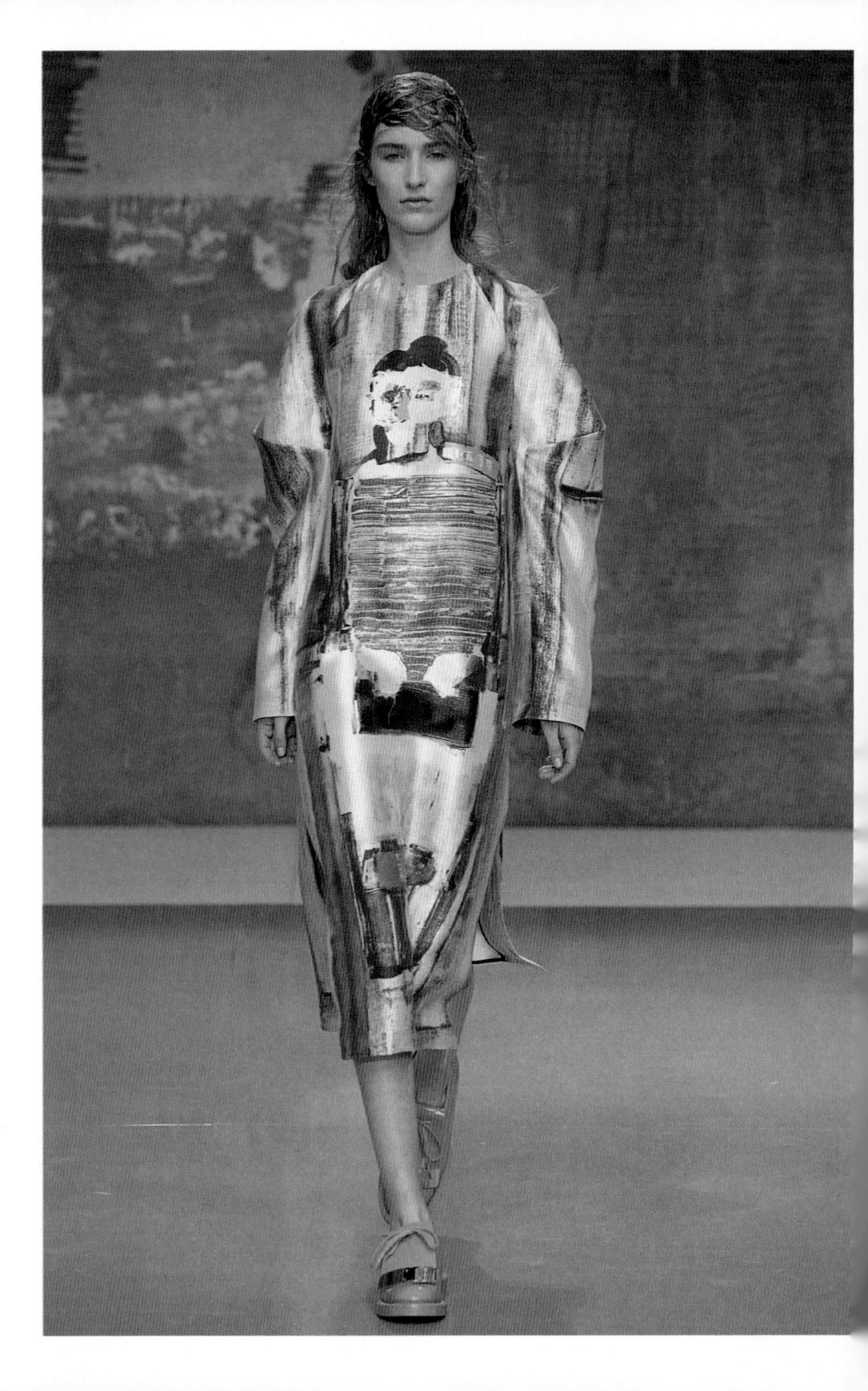

最后的落脚点才越坚实。

后来翻看时尚杂志、网站或博客，我发现最常被用来形容 Marni 的词汇有：古怪的、女性的、离奇的和时髦的。无论谁、在什么场合说起 Marni，肯定都会先提到它的两大定义：前卫的裁剪和怪异的印花图案。

不过，既是古怪的，又如何是女性的？离奇是否就是时髦？

大多数时候，Marni 的确相当古怪。它的裁剪好像特别不愿意突出女性线条，很少在腰线上使劲，有时甚至就是相当偷懒的直筒；即使不像 19 世纪的女性服装要刻意掩盖女性特征，也肯定有那种不想突出女性特征的追求。它的色彩美学品味也很特殊，喜欢使用大色块拼接，或者抽象、夸张的几何图案。按照一般常识，色块越大，图案越夸张，对身材的挑战也就越大。因此，Marni 常常让人直觉，只有英法或亚裔这类身材瘦小的女性才有本钱穿着。在百货公司的 Marni 销售区，我也注意到，光顾它的的确以这样的身材类型居多。没想到美国市场对它也如此狂热追捧，难道只是因为价格吗？如果只是因为价格，假如 H&M 店里有了补货（当然这是不可能的，我希望永远不要有这样的可能），我会买么？

价格当然是一个强烈的诱惑点，不过我想还是它所表达的另外一种女性存在感的理念。

女人的存在现在靠什么体现，还是老派那种大胆的性感吗？恐怕早就不是了。至少 Marni 用特殊的色彩、图案和形状吸引越来越多女性的关注，说明性感不是女性成衣唯一的重点。女性更多是为女性而非男性而穿着，Marni 是这种理论最好的诠释者：裁剪前卫，经常使用钟型结构，褶皱，不对称等裁剪方式，比起腰部更注重领部和臀部以下部位的设计，都说明其出发点不在于迎合男性对性感的想象，而是让即使身材不完美的女人也能忽视身材的存在感，这样就能更多地关注自己穿着时的感受。大面积的图案虽然整体明亮艳丽，基础却常常是中性的灰、裸和蓝，尽管夸张，却很容易在不同体量的身材上产生不同的收敛效果，让任何人都能在夸张和怪异中找到自己身体的平衡和内心的舒服。这真是 Marni 的精髓。

不过，进入 H&M 店里的 Marni，终究是禁不住细看的。细看，就立刻看出 H&M 低价快时尚的特性。虽然一件大衣标价 149 美元，一件短袖上衣近 80 美元，可比起正品店的 Marni 还是低了四五倍甚至更多。降低的，当然不只是价格。降低的，表面看是价格，实质无可避免地，还是身价。好在，Marni 为 H&M 献身只此一次，而非永久性。为此，虽然知道这是 H&M 的营销策略，可也真想感谢它没有破坏我对 Marni 的尊重。

至于我的衣橱，只能略带罪恶感悄悄地说，里面唯一的一件 Marni，是在三里屯淘出的外贸尾货。

MARNI

MARNI
FLOWER MARKET

13 Max Studio

MAXSTUDIO.COM

Max was born in Leningrad, Soviet Union (now Saint Petersburg) in 1954. He is Jewish. His parents were members of the Soviet intelligentsia. He then sought political asylum to Vienna on his way to Israel.

Max Studio

P156/162/166/167：品牌作品。来自官网

P165：位于纽约 Soho 的店铺。作者摄

Max Studio：好似春梦一段

很难形容我们在怎样的一刹那被一个品牌俘获的缘由。

也许只是那一天阳光正好，纽约的街上突然春情浮动。后面的小伙子无缘无故地冲着你前面的一个年轻女子大声嚷了一句，“嘿，我喜欢你的裙子！”

其实有什么呀，不过就是一件普通的超短裙而已。此时路边正好是那家店铺，你路过很多次都没有进去，这一次不知是不是因为它的橱窗里一件肉粉色的连身裙终于吸引了你的注意力。像马上要开的花，你觉得。阳光尾随你进入店内，阴影处的人台上又有一件让你想比喻成花的衣裳。你不禁在一排排衣架前流连起来。越流连，越想一件一件穿上身试试。每一件都恰好合适。不，不止是合适，简直让你觉得又从被冬雪覆盖已久的暗沉的地下破土而出，又一次粉嫩，还带上了点盛开的丰腴。

它的高腰线让你身轻如羽，细碎的捏褶恰到好处呈现出你袅娜的腰身。

细柔的双面织绉纱随你转身飞扬，像一片水在镜中划过。

细到不能再细的包边让你有莫名心疼的感觉。

① Leon Max，这也是 Max Studio 高端品牌线的名称。

它的每一个印花图案都像花，细碎的红花像刚刚开过的红梅；即使灰白色的，也是静静开在春日凌晨凌乱的花。

这样的感觉你已经很久没有了，每天你总是在天刚亮时被闹钟吵醒，然后睡眼朦胧地挤入地铁。忙过一整天后，又疲惫不堪地重新挤上地铁回家。

“花儿？别开玩笑了。”

你早觉得自己已修炼成一株仙人掌了。

于是，这个品牌在那一季成了你的一段春梦。每年一到樱花盛开的时节，你已经迫不及待地要惦记衣橱里的那几件衣服，直到——你真的再也不适合穿它们了。

不夸张地说，这就是我十二年前爱上 Max Studio 时的情形。

不过，真的只是因为这些偶然才爱上它的么？

那年春天，我在发现这个品牌后开始查询它的资料，并同时产生了如下的心理活动：

Max Studio 的创始人利昂 · 麦克斯[①] 1954 年生于红色列宁格勒。

——哦，真的吗？ Max Studio 无论如何无法让人跟红色俄罗斯发生任何联想啊。

利昂的父亲是剧作家，他本人从小上英语学校，在学校里读菲茨杰拉德的小说。

——我自己的经历跟这倒有几分相像呢，只除了我们那时没有菲茨杰拉德的小说看，直到十一二岁，才看到第一本小说，是《铁流》。

利昂十六岁离开学校，开始在基洛夫芭蕾舞团做戏服设计。

——不用说，这是一段对他影响至深的经历。

到十八岁，他认识到要想改变命运，唯一的方法就是离开苏联。他以俄罗斯犹太人身份取得以色列签证，途径维也纳换机时，成功申请政治庇护。一年后移民美国，进入纽约时装学院学习。

——哦，原来是纽约时装学院的前辈呢。

毕业后，于 1979 年在洛杉矶创建 Leon Max 公司。

——25 岁就自己创业了！

虽然说英雄不问出处，不过每一个设计师的母语文化都或多或少会对其设计风格产生潜移默化的影响。论及品牌与设计师背景的关系，后者的确常常可以给我们提供理解前者一个特别方便的角度。比如，“苏格兰高地”那样的设计系列，当然只有生活在苏格兰，对苏格兰的苦难有着切身体验

的 Alexander McQueen 才做的出来。不知道设计师背景时，我只能感觉到 Max Studio，尤其是后来进入店铺的高线品牌 Leon Max 有一种冷僻浪漫的气息，一股神秘暗黑的气势。了解以后，就会立刻明白，它们是属于俄罗斯的气质，属于俄罗斯戏剧的气质，是我们只有在俄罗斯国家芭蕾舞团的《天鹅湖》里才能看到的气质，别的舞团都没有。这些气质在近些年来似乎越来越被强化，这，也符合人年纪越大与童年和少年时期的感应越强烈的说法。

不用说，利昂·麦克斯的红色苏联出身、美国文学教育、纽约时装学院经历，这些重要的节点也都是冥冥中让我对它一见钟情的缘分。

疯狂追捧 Max Stdio 大约持续了五六年，尤其每年开春前，我的衣橱里总要新添入几件，2005 年那个季度甚至添入了二十件。

不过那也是那段春梦的最后一个高潮了。随后，我开始减少购买量，从偶尔一二件到一件也不想买，近几年则连店铺的门都不大进入了。说起来，是它的气质突然发生了巨变，从前轻灵飘逸的面料越来越少，代之以越来越多沉重的针织装，而且把身体裹得越来越紧，因此对于身体条件的要求也就越来越高——你必须是一个每天都进入瑜伽馆或健身房的人才能撑得起它硬朗的状态。更重要的是，这些年，它的色彩情绪和细节故事也发生了特别明显的转变：像我与之一见钟情的那一季那种娇艳欲滴的中性柔和色几乎绝迹，而像国家芭蕾剧院那样的浓墨重彩越来越多；过去那种只有拿在手里才能看到的独特的小包边处理越来越少，而隔着老远就能看见的大搅扭、重线条越来越多。总而言之，它虽然仍重材质和效果，对女性身体仍有着着迷的认识和尊重，不过是朝着戏剧化的方向走了过去，这从它店铺的橱窗和宣传目录的风格也能看出端倪。应该说，它不再向一个外表恬静内心浪漫的小女子伸出友善的手，而更想得到那些完全不想也不需要甜美、只需要分量的年轻职业女子的青睐。这样的女子不乏时尚感，更不乏性感，不过她口口声声说的是："我为什么要矜持？""其实我更喜欢是一场戏剧的中心。""在一群上班的女子当中，我希望你们一眼就能看见我的存在。"

很多时候，打开衣橱，用手指扫过悬挂的那些衣服时，心情会有点复杂。曾经有那么多好看的衣服可能都不能再穿了，可是又舍不得让它们从衣橱里消失。毕竟很多时候，我们喜欢上一个品牌，看似莫名，其实总是因为冥冥之中从它身上找到了我们自己。这样的衣服就成了我们一段生命的记录。大概就因为这个缘故吧，Max Studio 那一季的衣服至今还留在我的衣橱里。

MAXSTUDIO COM

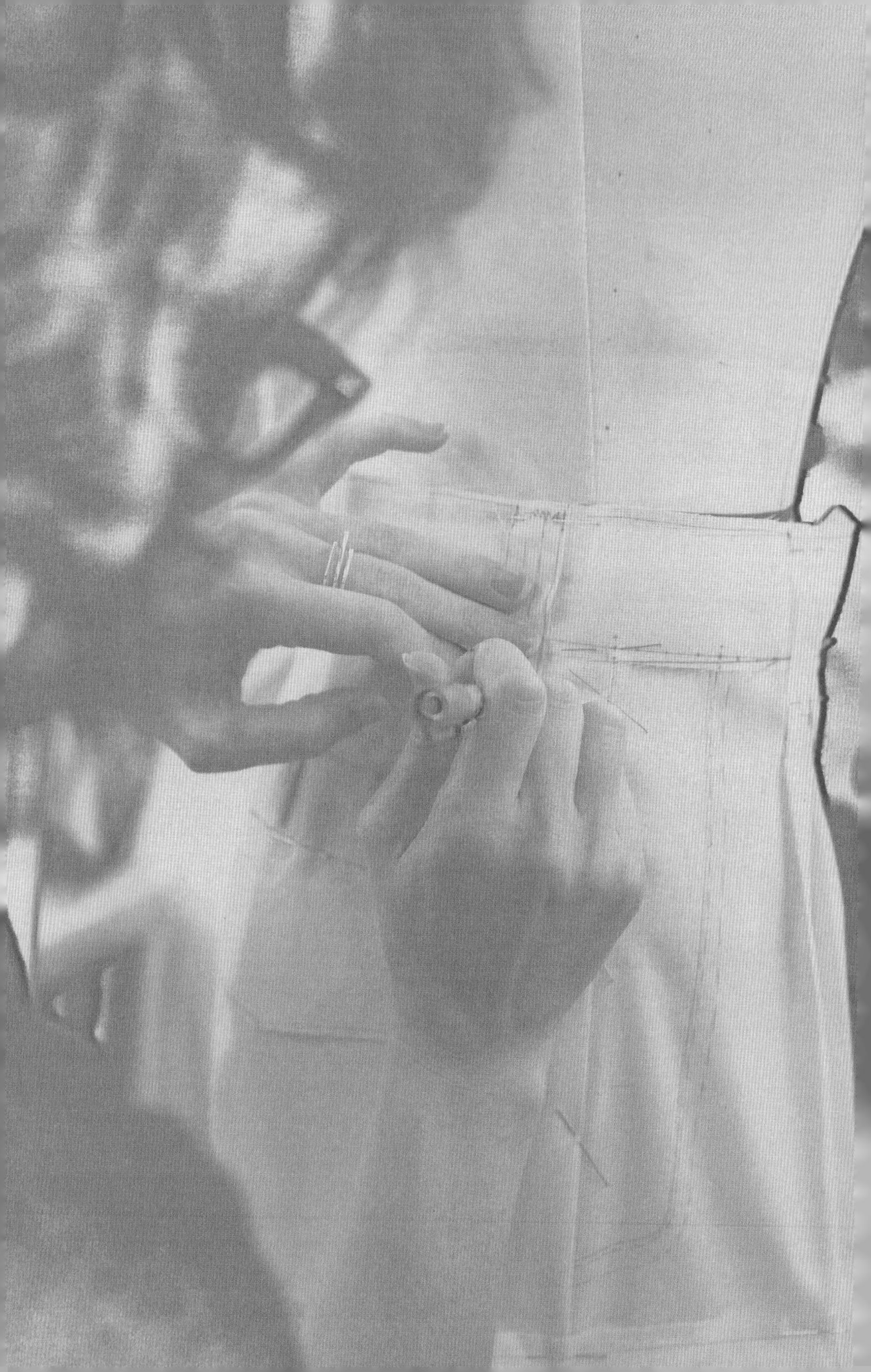

14 Nanette Lepore

nanette lepore

Lepore has a daughter named Violet. *New York* magazine has said that Nanette Lepore's "gypsy-influenced designs are feminine and youthful. The looks are full of bold colors and bright prints, with ruffles and lace that manage to look good-time-girly but not overly frilly."

Nanette Lepore

P168/176-177：在工作的 Nanette Lepore。品牌提供

P174/180-181：Nanette Lepore 工作室内。品牌提供

P169/179：位于纽约 NOLITA 区的店铺。作者摄

Nanette Lepore：不仅仅是一件必备品

早起下了立冬后第一场雪。

昨天还是17度，今早暖气竟烫手了。从秋到冬，常常一夜之间，让人不免措手不及。赶紧打开衣橱，看看在风衣和羽绒服之间，是否有一件合适的夹棉大衣。有。心顿时安妥下来。

女人不断添置衣服，的确大多出于冲动，不过在生活的某些时候也真的需要几件理智的“Must Have”——必备品。

我的这件 Nanette Lepore 夹棉半长大衣便是这样一件。极为得体的剪裁，薄厚适中的夹层，面料和衬里都是我最喜欢的铁灰色绸。只要第二天雪住风停，它的确就是衣橱里那件虽然穿着机会不多、却又不能没有的过渡佳品。原本作为必备品，中规中矩就好，它竟还有些特别：看似普通的面料，通身却布满抽象的几何图案机器绣工；既有额外的细节，又绝不喧宾夺主，于是每次从衣柜里拎出来时，除了感觉舒服，竟也有不是那么“Must Have”才会有的愉悦。

而这，也正是美国设计师 Nanette Lepore 让我喜欢了十二年的缘故。

它似乎总是介于必备又大于必备、平凡又不囿于平凡之间。明明只是一件上班穿的小西服，可它用满地镂空蕾丝面料，用一公分宽撞色丝质螺纹缎带贴边，庸常瞬间转圜生动。明明只是一件丝绒马甲，却在前身绣满彩色珠片和凹凸精致的古董绣片，枯燥顿时变身华美。明明只是一件简单的紧身短裙，却在下摆增加一小段斜裁波浪，给严肃添出半分俏皮。更奇妙的是，每次看着它过于鲜艳的颜色、过于轻巧的裁剪，而且周围都是比我年轻十几二十岁的年轻女子在试衣，一切似乎都在暗示我“你不合适穿这个”了，可就在这时，我又总能在试衣间里看到比我年长二十岁的另一群女人在试着完全相同的款式。

Nanette Lepore 就是这样，似乎总有一种既能在平常处跃升不平常、又能从不平常归于平常的能力。

记得曾有记者问这位今年已五十岁的设计师，什么样的女人是她的理想客户？她的回答是：我要装扮所有的女人，从十三岁到六十岁，从 Arianna Huffington 到 Abigail Breslin。前者是已过六十的希腊裔美国作家兼综合专栏作家；后者是主演 *Little Miss Sunshine*、当时只有十七岁的小演员。以我在试衣间的观察似乎证明，她真的可以做到。

比起小说家很难脱离自己的经验，时尚业里大部分设计师其实更自我，常常只能打扮跟自己相似的人，相似的品位，相似的生活情趣，或者相似的身材，甚至相似的肤色。纽约大牌设计师 Donna Karan 就以自己是自己的模特为骄傲，最常挂在嘴边的设计观念是“我要不能穿，怎么指望别人会穿。”这句话后来为很多年轻设计师所信奉，她们把她当做自己起步的榜样。不过，这个观念是否绝对正确，要看它的语境。如果当时当地的时尚完全唯观赏性是从，不顾身体的需要，那么这个观念就极为正确，甚至非常可贵，而且很多设计师正是因为找不到适合自己的衣服，才怀抱着“哪怕为自己做一件”的动力走上了设计这条道路。可换个情景看，这句话也不免狭隘，对于大部分男设计师无法适用不说，也经常会给人这是“典型的纽约设计师太过自我”的印象。太过自我，像小说家一样，走得长并非没有可能，可是要想走出大视野，则不易。时装界优秀的男性设计师多于女性设计师，恐怕正能证明这个道理。

Nanette 在纽约时装学院毕业后即出道，当时虽然年轻，却表现出完全没有这种存在感的先天特质。经过几年努力，到 2012 年，她已成功地让很多明星穿上了她的衣服。那年的秋冬季时装周可能是她最成功的一场秀，之后有记者问她：还有哪些明星是你想装扮却还没机会实现的？她说了两个名字：Lady Gaga 和 Carey Mulligan，前者不用多说了，后者是新版《了不起的盖茨比》里扮演黛西的那位古典美人。能让背景和年龄跨度如此大的女人都在她的设计中找到自己的欣赏点、而且穿上后毫无违和感，这需要很小的 ego（自我），可能也需要更天马行空的想象力，以及更重要的——操

作力。

她的ego，我一直觉得跟她出生在俄亥俄州那样的一个地方有关。俄亥俄位于安大略湖南，是美国传统的工业基地、粮食基地，却也是被现代工业抛弃了的地方。那里至今没有一家IT公司，拥有最多的是连接着美国东北部和中西部密集的高速公路，大货车常年在这个中转站的边界上穿梭。因为这样的环境，这里的人大多豪爽和宽厚。Nanette的面相就带着这种豪爽，也常给人母性十足的印象，尽管一年里她只在新年除夕做一顿饭，家里的床单都由老公购买，不过这不妨碍她在设计中倾注无边的母性。

不过俄亥俄，也因为著名作家舍伍德·安德森出版于1919年的那本短篇小说集《温斯堡，俄亥俄》(*Winesburg*, *Ohio*，也译作《小城畸人故事集》)而给人留下孤独和闭塞的深刻印象。在他笔下，俄亥俄人常常难于用外在形式表达内在感情。“我向他表示过……我想我向他表示过。我想我向他表示过我不是那么古怪。”这是小说“怪人”的男主人公最有代表性的语言方式。从俄亥俄走出来的Nanette Lepore，有时也难免带上这样“古怪”的印记，不知道什么时候，她也会在大量明亮的色彩中间突然混入相当暗陈乏味的色调，在流畅的线条中间突然添加几处不那么顺遂的切割，粗砺甚至粗制的面料偶尔也会被她忠实的客户逮个正着。所以，很多时候，要欣赏Nanette，你不能一脚踏进她的店铺，扫一眼如果不喜欢就扭头离开，而要

有足够的耐心把挂衣架挨个拨拉一遍。

古怪，说来有趣，虽然有时有难于沟通的不便，却从来不是表达的障碍。相反，因为明亮和寂寞的矛盾而具有破坏惯性的力量，倒有种特别的吸引人的地方。2015 年凭借《模仿游戏》获得奥斯卡最佳剧本改编奖的格拉汉姆·摩尔，在发表获奖感言时就说，“Stay weird, stay different”，坚持古怪，坚持与众不同。这大概也是为什么，我常常觉得衣橱里 Nanette 的作品够

多了，可至今还在不断增添着的缘故。她的设计是如此开放，既有明艳的颜色、奔放的波西米亚风格，也有极为收敛的线条、保守的观念，既准确又恰如其分地表达她对时尚规矩的遵守，也表达她希望突破时尚临界点的欲望。某年某季，曾有人问她的设计灵感来自哪里，她回答说：是奥斯卡·王尔德、纨绔主义、一副塔罗牌和一点点神秘主义的混合。总之，能这样做的，必然是一个心胸极其宽厚的设计师。

今年纽约的天气也算宽厚。雪第二天果然停了，太阳很明亮，这就意味着，我这件带机器绣工的灰色夹棉半长大衣应该还会有出外呼吸的机会。

对我而言，今年这个从秋到冬的过渡有点像我的生活。我也许要开始准备从一个地方过渡到另一个地方了，而且很有可能要从一种外在的状态过渡到内在的状态。我们每个人其实都在不知不觉的过渡当中，有些人，可能因为种种原因会有些艰难。不过，在我看来，如果很难开口诉说自己的委屈，那不如不说，让一个像 Nanette Lepore 这样的设计师替我说出来吧：我是一件必备品，可绝不仅于此。

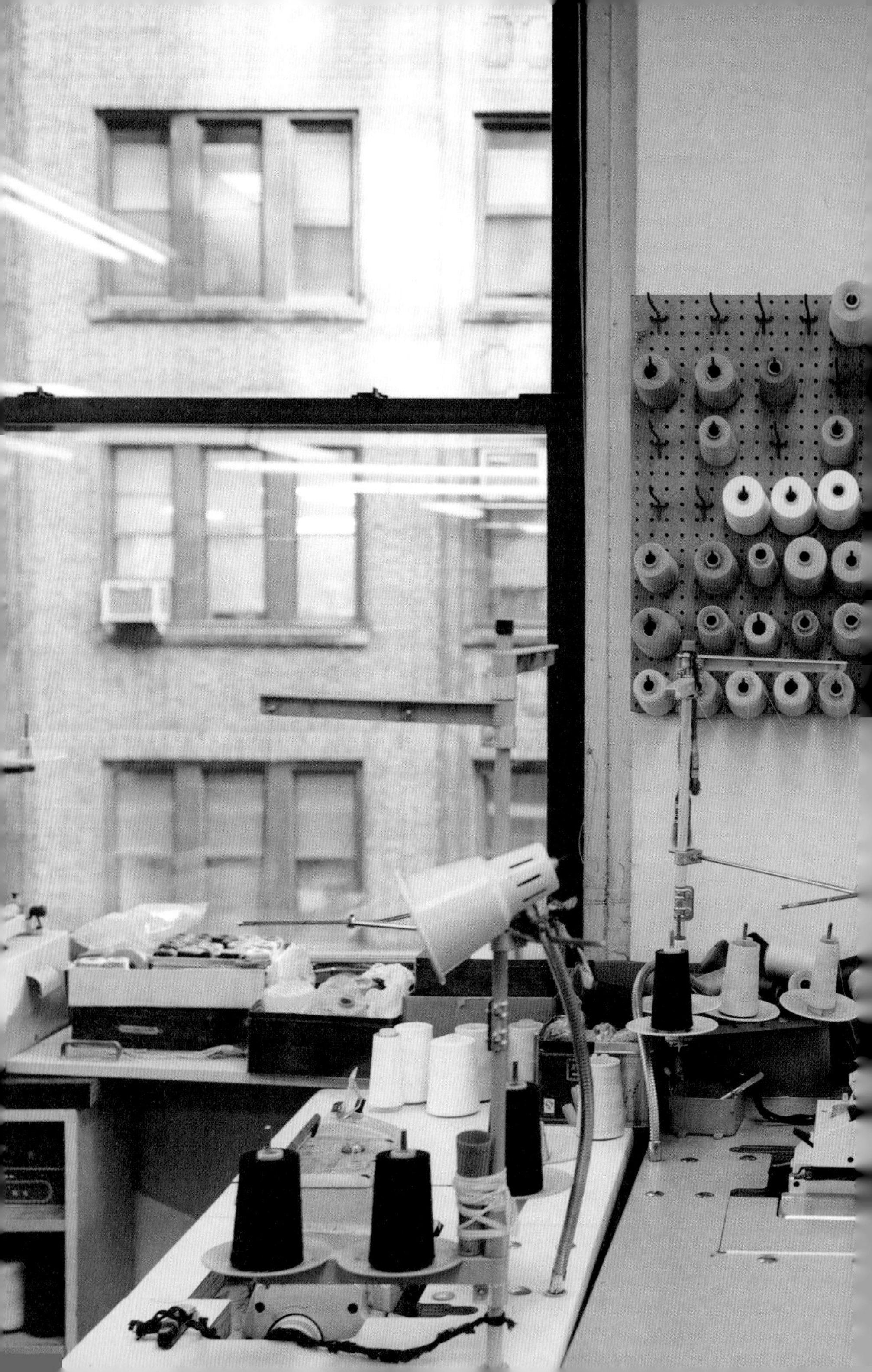

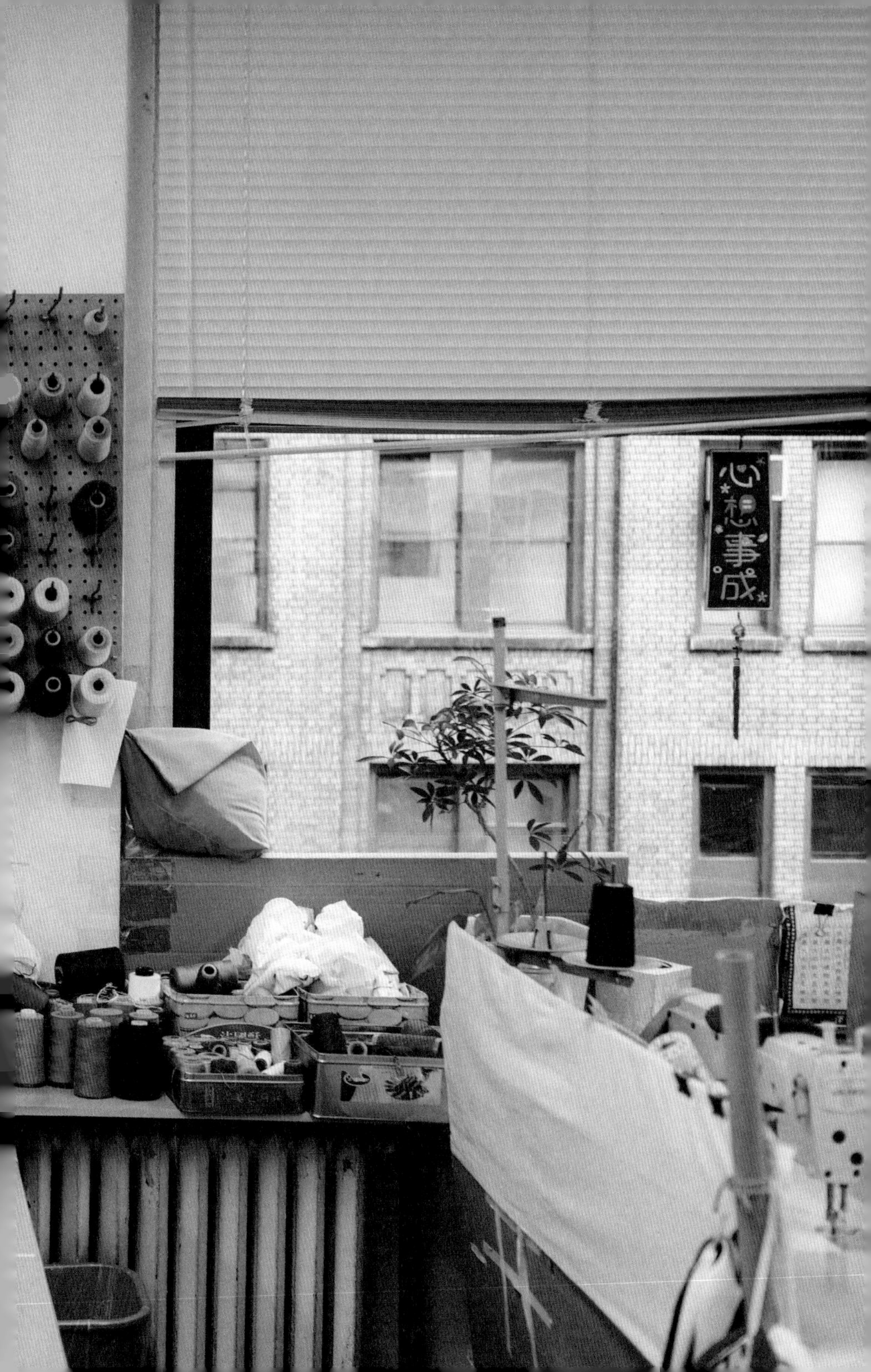
心想事成

15 Polo

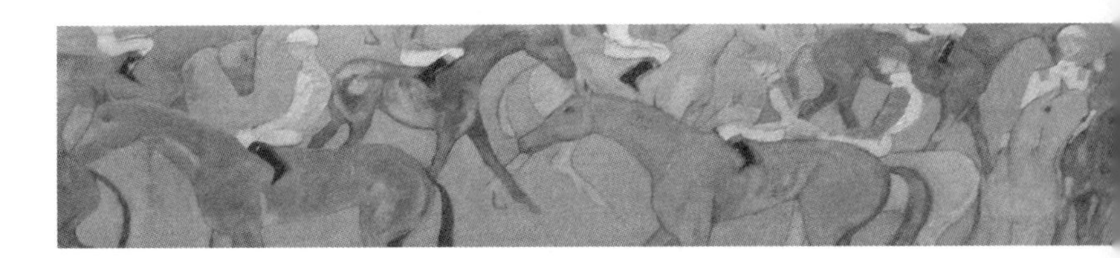

Polo Ralph Lauren–the flagship brand of the company. The origins of the RL Corporation began with men’ s ties, Polo Ralph Lauren in 1967.

Polo

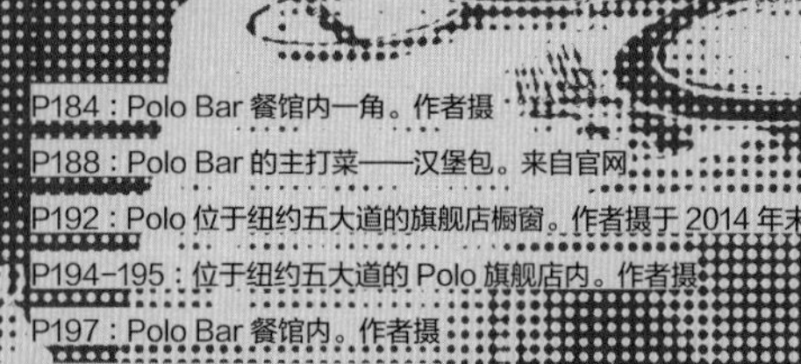

P184：Polo Bar 餐馆内一角。作者摄

P188：Polo Bar 的主打菜——汉堡包。来自官网

P192：Polo 位于纽约五大道的旗舰店橱窗。作者摄于 2014 年末

P194-195：位于纽约五大道的 Polo 旗舰店内。作者摄

P197：Polo Bar 餐馆内。作者摄

P198：Polo Bar 洗手间。作者摄

从 Polo 衫到 Polo Bar

你肯定也有那样的情况，因为太多人穿那个 logo，索性失去了对它的兴趣。

在美国的几个主要品牌里，Polo 和 CK 让很多人都有这个心结；那天翻看我自己的衣橱，竟也没找到一件有这两个 logo 的物品。Polo 的标志因为更突出，回避得似乎也就更彻底。说起来，这也跟我多年前第一次去纽约上州一家奥特莱斯 Polo 店不那么愉悦的经历有关。那天屋外极冷，掀开门帘的一瞬却几乎被热浪打了个跟头。不只是暖气的热，更是人吐纳出来的口气热和汗热。店里完全一副菜市场刚被抢劫一空的样子，货架上所剩无几，地上却扔着一摊摊被翻检过的衣服，像垃圾一样。

不是对服装有一见钟情一说么，那一次简直就是“一见生恶”。那会儿奥特莱斯的主力购物者还是日本人，可 Polo 店里已经是大陆同胞的天下了。

女人穿衣最怕撞衫，可为什么到 Polo 这里，这个铁律完全不适用？为什么大家对这个打马球的小人儿表现得如此狂热？

时隔多年，到 2014 年 2 月，七十五岁的拉尔夫 · 劳伦老先生第一次在纽约时装周上把他的两条品牌线 Ralph Lauren 和 Polo Ralph Lauren 放在同场展示，才总算扭转了我对 Polo 的不良印象。那是 Polo 第一次走上 T 台，一出场就以青春无敌的轻快和烂漫赢得了满场喝彩，轻易抢走了整场秀的风头，害得经典的 Ralph Lauren 只给我留下裁剪漂亮得体、色彩中规中矩等更加经典的印象，我当时甚至不无遗憾地感叹“劳伦先生到底老了”。

不过，那当然是我的错觉，劳伦先生离老还差得很远呢。

如若不信，就也像我一样，到他在纽约新开张的 Polo Bar 吃一顿吧。

年初听说 Polo Bar 开张，而且主打汉堡，而且一个汉堡卖二十四美金，我抓起电话赶忙预订。可吃惊的是，半个月内每天 171 个座位早已一位难求。按吩咐，半个月后再打电话去问，仍然无果。也许终究是个“吃货”吧，这次我没有像对待 Polo 衣服那样，因为别人太过趋之若鹜而放弃，坚持隔几天拨打一次电话后，终于在几天前、餐馆开张两个月后，坐进了纽约这家新时尚地标。说它是时尚地标也并非夸张，刚刚过去的纽约 2015 秋冬季时装周，官方推荐的歇脚去处，Polo Bar 就已然名列第一。

它也的确值得一去。

餐馆靠在曼哈顿中城五大道最昂贵的商业街一侧，St. Regis 饭店对面，与 55 街角的 Polo Ralph Lauren 旗舰店背靠背。平地一层是 36 座酒吧，主餐厅其实就在服装店的地下一层。

餐馆的装饰风格跟楼上 Polo 服装店完全一样。大量的硬木质地，墙上大量与马和马球有关的艺术绘画和摄影作品，同样的猎绿色基调，同样的那种美国本土乡绅俱乐部风格。透着就是家高级餐馆的是它的洗手间，墨绿缀金，色调暗沉，空间大得几乎可以跳舞。

食物当然是最大亮点。先于前菜送上来的可颂小面包，简直是我在纽约吃过的极品，甚至比巴黎的还好。据服务员说，这是我们坐下后，面包师才开始烘烤的，端上来时自然还带着温热。看我啧啧称赞，他竟又为我多拿了一份。前菜黑白双色生蚝不用说了，白色一种是从 Nantucket 岛（就是小肯尼迪不幸丧生的那个岛）来的，黑色的是从华盛顿州来的，都像刚从水里捕捞上来，新鲜、干净得一点杂质和杂味全无。阿拉斯加的大蒜瓣肉鳕鱼配了一种叫“hen of woods”的烤菌，光听那名字，我们差点以为是在云南吃的“鸡枞”。最惊艳的自然非它的主打菜汉堡包莫属，咬一口竟汁液四溢；里面的腌牛肉是从劳伦先生 1.7 万英亩的科罗拉多农场直接运来的，因此可以放心地点成 medium rare 三分熟。劳伦先生说，别的不说，他保证客人到他餐馆来吃的食物肯定是他力所能及的最好。对此，我同意。连最后的巧克力蛋糕都不负人意，邻座的妇人看到后朝我们欢呼起来，让我们情不自禁地邀请她一起分享。

餐馆五点开业，不到六点已人声鼎沸。比起中国人，纽约人在大声喧哗方面一点也不逊色。

Polo Bar 这么火爆，当然跟 Polo 有关。可 Polo 到底是什么呢?

从前的衣服，如果叫“工装”就真的是工作服，滑雪服就是滑雪服，猎装就是打猎时穿的，都有很实际的功能。1990 年代，服装随着人们生活

态度的变化出现变化，“酷”成了一种时髦，如何玩酷成了商家的利益考虑。以在 1990 年代初红火一时的“香蕉共和国”为例，其出品的猎装虽叫猎装却不是去非洲丛林或真的去打猎才穿，而是一种向往游猎“生活风格”（life style）的表达。这股潮流的源头，其实也可以溯到 1950 年代牛仔裤的风靡，本来是耐脏、耐磨、耐洗但不登大雅之堂的牛仔工装，却几乎在一夜之间为所有美国青年人手一件。他们迷恋的自然不是自己真的成为牛仔，而是它所代表的西部牛仔的生活态度。

只不过到九十年代，态度悄悄被“生活品质”（quality of life）取代，而且被商人利用成了挣钱的手段。服装表面上追求的还是让人对某种身份的认同，可实际上已是对某种生活价值的认同。这个价值比“牛仔”要讲究多了，也小资甚至中资多了。比如，除了非洲丛林主题的香蕉共和国，还出现了以航海为主题的 Nautica，以马球为主题的 Polo，以在海外度假为主题的 J. Crew，都是看上去“有钱人”的爱好和生活方式。不过它们都只是“看上去”而已。Nautica 的 logo 虽然挂着一只帆船，却并不要求你真的拥有一艘；同样，穿着那个鲜艳的打马球小人儿的 logo，也不必真的去过打马球的生活。这些服装灌输给你的概念是让你可以继续待在你所在的位置，通过一个设计巧妙的 logo 实现一个“昂贵”的梦想。换句话说，你只是看上去像是过上了一种有质量的富裕生活。

这个概念显然很容易就得到了民众认同。就拿马球来说，直到最近几年我才比较频繁地听说中国富豪阶层的子女开始有骑马的风气，可十几年前，很多并不那么富豪的人就已经穿上了那个鲜艳的打马球 logo 了。

这几个品牌在 1990 年代都曾相当成功，不过近二十年过去，Banana Republic 已经面目全非，Nautica 经营了不到十年、于 2003 年被 VF 公司收购，现在已很少在热销市场上看见；似乎只有 Polo 还保持着不衰的销售量和最初的设计概念，尤其 PoloT 恤，除了每季颜色更替，几乎一成未变。一直都说劳伦先生有着服装业内最聪明的生意人头脑，这从 PoloT 恤精准的定价就能看出来。他的 T 恤售价至今保持在五十美金左右，肯定不是最便宜的，但也绝不是最贵的，或者贵到谁都消费不起；穿上它，也并不会让你比别人显得更有钱而给周围人造成心理压力。所以从刚出生的婴儿到年迈的老头老太，从布朗克斯的小学教师到华尔街的高级白领，谁的衣柜里都可以有一件，也真的都有一件。Polo 经典恤衫和毛衣，是 Polo Ralph Lauren 最长销的款式。当他深谙你们买 PoloT 恤不就是为那个 logo 么，他偶尔还会把它放得很大给你们更多的惊喜。

楼下的 Polo Bar 玩的也是这个概念。

要说在纽约，Polo Bar 这家餐馆肯定不是最贵的，但也肯定不是最便宜的地方。平常来吃，如果不喝酒，点一个汉堡包足以果腹，不过二十四美元，也就是半件 T 恤的钱。反过来算，用买一件 T 恤的钱就可以吃上两顿。可是别忘了，说出大天来，它终究只是一只汉堡，走几步出了最贵的商业街区，麦当劳的汉堡只要五六美金一个，虽然里面的牛肉饼是从生产线冷冻批发来的，可管你吃饱绝无问题 。所以，Polo Bar 的汉堡肯定不只是汉堡，如果你只为填饱肚子，那根本没有来这里吃的理由。就像 Polo 的 T 恤，虽然它只要五十美元，可如果你只把它当成一件 T 恤，那到廉价店 Costco 里几美元拎一件好了。你要的，肯定比 T 恤要多。

再说曼哈顿岛上比 Polo Bar 更贵的汉堡，当然也有，比如 Plaza Hotel 里的 Oak Room。不过，汉堡在其菜单上可是一顿大餐的主菜，而且那是 Plaza Hotel，是你得穿西装打领带才好去的地方；而 Polo Bar 这里，是你在楼上衣服店里逛逛，饿了就走下来随便坐坐的地方。劳伦先生自己说，我不想做一家火爆的餐馆，我想做一家你每周想吃两次的餐馆。二十四美元一个汉堡，计算得真是恰好。

酒足饭饱之后，自然想问餐厅主管皮特先生一个问题。劳伦先生要开餐馆可以理解，毕竟那么多人已经接受了在 Polo 购物不只是买件 T 恤、而是一种生活方式的观念，店铺里橱窗里的宣传也仍在不断灌输这一观念，品牌靠此赚了我们衣服的钱，香水的钱，床单、咖啡杯等等的钱，再赚我们吃饭的钱也没什么不顺理成章的。可为什么是汉堡呢?

Self Serve LAUND
NOTICE
WE ARE NOT RESPONSIBLE

纽约高级百货公司向来有开配套高级餐厅的惯例，概念是你到我这个高级的地方买东西，我也要给你一点高级的东西吃吃。可汉堡在美国，绝不是什么高级食物，而几乎是快餐垃圾的代名词。

不过，皮特说，汉堡也是非常美国的食物对不对？

在纽约开 Polo Bar 之前，劳伦先生先于 2010 年在巴黎左岸已开了一家。说起动因，他对《纽约时报》的官方说法是，他经常去巴黎出差，所谓“乡胃难改”，有一天突然很想吃汉堡，可大堂经理翻遍巴黎餐馆指南也没找到，于是他决定自己开一家。他心想我这么想吃，不信没有别人也这么想的。巴黎那家开张后果然十分红火，于是五年后有了纽约这家。

那么有没有另外的非官方的说法？当然会有，餐馆说到底是商业。

选择什么为长销的主打菜，就像选择什么为长销的主打款式一样，一定是考验设计者头脑的事。劳伦先生最爱的说的一个词是“timeless”，永恒，不是永恒不变，而是虽然变化但要保持前后一致。汉堡，跟 T 恤一样，尽管是低级物，可有哪一种食物和衣服比它们更符合美国人的胃和身体的需求而有能走得更长久的潜质呢？晚礼服有一件就够了，史密斯 · 沃伦斯基的牛排五年吃一次就够了，可 T 恤有一打也不嫌多。这跟 Polo Ralph Lauren 想塑造和已经塑造的“我是美国人”的形象也高度一致，前者忠实于胃，后者可能更忠实于心。如果说起这十几二十年来最能代表美国的服装品牌，

POLO TEAM

ATCH
M
LACKWATCH
BLAC
AT

那肯定非 Polo Ralph Lauren 莫属，2008 到 2014 年美国每两年出征一次奥运会（冬 / 夏），从开幕式到领奖台上那个打马球的小人儿跟随着美国国旗四处招摇，已是名副其实的“国服”。而它们不过是些 T 恤和帽衫罢了。

商人要赚钱，却不是每个都能赚得漂亮。Polo Bar 里每一处细节都透着漂亮的想法，也处处表现出劳伦先生“太知道他的美国同胞（尤其是纽约同胞）要什么”的聪明。它没有被做成古典的欧洲正统风格，曼哈顿遍地的法式餐馆不缺他这家；也不玩儿“我这儿的东西是欧洲的”那套把戏，不拿欧洲廉价的东西糊弄人（比如像达芬奇家具在中国那样），不异国情调，不装优雅高贵——总之一句话不玩虚的。他“实打实”就够了，实打实的木头，实打实美国最好的牛肉，实打实最好的可颂点心。能把美国街头的快餐垃圾、可傻了吧唧的美国人就是喜欢吃的东西做成货真价实的高品质，就像能把小米粥做得天天喝也不会厌一样，这才是本事。因此，Polo Bar 怎么能不受欢迎呢。虽然不能想象吃 Polo Bar 的人会有穿 Polo T 恤的人那么多，或者是同一拨人，可在这个餐馆饱餐一顿再上楼逛逛与在麦当劳填完一只汉堡再逛的心情一定是不一样的。

在餐馆的甜点单上，还有一道叫“peanut butter”花生酱的东西。看到它，纽约人可能都会会心一笑，因为花生酱是更纽约的东西了。这就好比说，我们的国货“江南布衣”开了家高级餐馆，菜单上惊现“杭椒”一样。它

是杭州最便宜的接地气食品，可也是最杭州的东西，要把它做出品位或者品相，需要餐馆的设计者向想象力和技术挑战。

不过，劳伦先生因为在巴黎吃不到汉堡而决定开一家汉堡馆的想法被《纽约时报》报道后，网上涌来大量吐槽。有人鄙夷道：什么?！到了世界的美食之都巴黎，遍地啥美食没有，劳伦先生竟然想吃汉堡?！这让我不禁想起某一年跟着我的老板去里昂出差的一段轶事。就像广东的吃在顺德，法国的吃是在里昂；里昂的吃出了名的好，可晚饭也出了名的晚。我们一天工作下来，终于在一家餐馆落座之后，厨房竟然还没生火。等了半小时，我六十多岁的老板终于竖起一条胳膊，一边打了几个响亮的响指一边大叫：

“给我来盘‘法国炸’！”（就是炸薯条）没有得到服务生的理会，她竟然从座位上一跃而起，跳过后面背靠背几张长条椅，拨开人缝钻了出去。几分钟后，又原路跳回，手里果真端着一盘不知从哪里顺来的“法国炸”。在周围诧异的目光下，我们简直无地自容。不过，现在回想，那不也正是纽约人的可爱之处嘛。忠实于自己的胃，忠实于自己的喜好，用劳伦先生自己的话说，“诚实面对自己，相信‘这是好东西’。”所以即使是不管不顾的俗，也俗得有滋有味。这，倒有点像北京人呢。

16 Ralph Lauren

RALPH LAUREN

Ralph Lauren was born Ralph Lifshitz in the Bronx, New York City, to Ashkenazi Jewish immigrants, Fraydl and Frank Lifshitz, a house painter, from Pinsk, Belarus. He went to Baruch College where he studied business, although he dropped out after two years.

Ralph Lauren

P200/202/208/210/211：位于纽约 Soho 的店铺。作者摄

P207：Saks Fifth Avenue 百货公司里的 Ralph Lauren。作者摄

Ralph Lauren：有态度的大牌

1. 那点缘

我跟 Ralph Lauren 也算有缘，虽说早年刚到美国时，不那么喜欢那个泛滥了的 Polo 打马球小人儿，可很快就明白过来，Ralph Lauren 不是 Polo。

发现这一点的时候，Ralph Lauren 在纽约苏荷区的店铺还在西百老汇街上，后来才往上搬了几条街，占住了一个街角的位置，阳光明媚了很多。可我始终喜欢它原来的那种暗沉和拥挤，很像斯皮尔伯格西部电影里的画面，有点神秘，有点冒险。

在那间暗沉的店里，我曾经买过两件 Ralph Lauren 紫标衣服，一件是灰色暗纹小西服上衣，一件是褐色磨砂短皮衣。紫标 purple label 是 Ralph Lauren 最高档的商标，这两件当时都在半折降价，可每件也要六百美元左右。因此拿回家后虽然爱不释手，最后还是把它们原封不动拿回店里退掉了。

一个月以后，意外地在纽约附近一家奥特莱斯又撞见了那件皮衣。我立刻认定它就是我曾买回去的那件，因为其价签没有挂在领口上，而是塞在了衣兜里。这件衣服到了奥特莱斯，因为确实是清仓货，又给了一半的折扣。虽说人生无处不相逢，可真正能相逢的却并不多，这样的缘分叫人没理由再跟它错过。这件衣服现在放在北京，偶尔春末回去，它是抵挡北京那种飞沙走石超级强风的最佳单品，虽然对我来说稍嫌沉了一点。

沉，结结实实，这是我对 Ralph Lauren 最初的直接认识。皮就是实打实的好皮，滋养油润却不腻手，放到鼻子下闻着，似乎能闻见牛身上那种喘着粗气的新鲜和生动。当然最好的，还是它的裁剪。穿在一个像我这样没多少挺拔可言的人身上，如果脚下再加一双高靴，就也立刻能焕发出一种乡村女侠的豪迈之气。

那件被退掉的小西装却没这样美妙的再遇了，不过它利索、锋利又带着点理性柔美的样子，却一直留在我心里。

这是跟 Ralph Lauren 的第一次缘分，第二次就到了 2014 年，在纽约时装周上看它的秀。

2. 静水深流的非主场

最早巴黎开始举办时装秀时，美国人是要飞去看的。明着是要看巴黎人穿什么，实际上还是想看巴黎人怎么生活。能去巴黎看秀，成了美国时髦人的生活方式。今天看秀也仍然是时髦生活的一种。不过，秀看多了，即使 T 台再绚烂，也难免产生审美疲劳。每次这种疲劳到达顶峰时，我的时间表也差不多到了最后一场。而这一场，就总是交给 Ralph Lauren 压轴。

它的秀通常不在主场，当然也不会在主场。

主场最早在布莱恩公园里，后来搬到林肯中心，都是搭几顶帐篷，不搞过多的花活儿。

熟悉纽约时装周的人都知道，在主场上演的，通常是刚起步或还新鲜的品牌；而非主场的，才是那些有资本可以自己租场地的大牌。因此虽称主场，其实并不是时装周的中心，天气再好，场地周围也见不着多少热闹，巨大的“时装周”横幅在傍晚时甚至还显出几分落寞。倒是散落在曼哈顿角落里的非主场，人气总是更旺一些，媒体大咖和明星们，像 Anna Wintour 这种人，当然更多地出现在非主场观众席上，那里的长枪短炮自然也更多一些。

要说喜欢，两个场地我都喜欢，因为对每一位参与时装周的设计师来说，它的场就是主场，无论之前是否已荣耀加身，对于这一场都得拿出“做不好就完蛋”的斗志。

Ralph Lauren 秀场给我的感觉总有点复杂。

它的场地既不像主场那样生涩，也完全不像其它那些非主场那样油滑或奢华。总是在那个老地址，下城，靠近哈德逊河边一条偏僻的、仓储感十足的街道。场地内永远挂着跟上一季一模一样的水晶吊灯，永远四白落地，永远不添加任何装饰。T 台通道也永远只是笔直的一条，不长，更不像现在很多大品牌那样迂回曲折。实话说，一切都好像还在帐篷里，连每次放在门口迎宾的大盆花束似乎都没换过，就是把上一季的拿出来，掸掸土，这一季一点新预算都不用做。

每次走进这样的场地，都有种时间是否流动过了的错愕。劳伦先生最爱对媒体说的一个词是 Timeless，这可能正是体现：静水深流，细水长流，一切看似未变，其实不过是坚持了初衷。

3. 靠技术翻山越岭

每年的时装周，Ralph Lauren 的秀总是最让我感动，之所以总把它放在最后一场，也是因为看完它常常没心思再看其他了。

2015 年春季那一场，我的记忆尤其深刻。那一次音乐一响，我立刻有种奇特的预感，这一季大概会不同凡响。可要说那五十几套“撒哈拉沙漠”风的衣服有什么特别惊艳之处，似乎也没有；我动感情，原因也不过是为一条“法式省道”（French dart）。

所谓法式省道（省，读 sang，三声），是从上衣的侧缝指向胸部最高点的一个捏折，在衣服的正面呈现的只是一道接缝。为什么被称为法式省道没有历史记录，推断应该是它最早出自法国设计师之手吧，有一种法国人特有的含蓄和微妙。因为是斜着切入，要把这条省道拿捏得恰到好处，比

一般从肩部或袖口处开始的省道难度要大。

Ralph Lauren 的这条省道从长裙的前片开始，之后向后片继续延伸，经过臀部最后消失在宽大的裙摆里。它看上去是那么流畅，那么精密，那么圆润地体贴着身体每一处需要凸出或凹陷的曲线，那么天衣无缝。当女模特从我眼前走过时，我的眼泪情不自禁地涌了上来——能看到这么完美的省道实在太幸福了。

现在，即使在时装周上，我们也会感觉到好的设计太少，似是而非的

RALPH LAUREN
109

东西太多。很多设计师已完全不会使用像省道这种特别基本的、却又完全不能偷懒的服装技术元素，消费者能懂省道的恐怕就更少。因此在我看来，省道已不是一个简单的缝制手段，而更是一种制作态度。Ralph Lauren 的这条省道之所以让我大为动容，大概就是因为实在太久违了，它让我一下子感受到一个老设计师老派的固执。能做出这样一条优美省道的人，一定有着几十年的修炼和磨砺。说到底，能支撑设计师年复一年做出几十件几百件衣服的，还是他的技术。

而有技术，才能有态度。

100%

17 Rebecca Taylor

REBECCA TAYLOR

Rebecca Taylor was born in 1969, a New Zealand native. She received her initial fashion training as part of Access, a government scheme, training at the Bowerman School of Design. After arriving in New York with $600 to her name, Taylor was eventually hired by fashion designer Cynthia Rowley, under whom she worked for six years.

Rebecca Taylor

P212：2015 春季作品。作者摄于纽约 Bloomingdale's 百货公司

P218-219/220：2015 春季作品。作者摄于纽约雀儿喜区的店铺内

Rebecca Taylor：为身体开出花朵

《女人的身体》作者在介绍自己的书时说：读这本书的一定是这样的女人，她们相信对自己身体的发育和职能有更清晰的了解后能增强自己的信心，对自己会有更丰富的赏识。用这段话来说瑞贝卡·泰勒的衣服，好像也分外恰当。穿她衣服的一定也是这样的女人，她们相信，透过瑞贝卡通常使用的那一层或复叠的几层轻薄柔软的面料认识自己的身体，对自己会有更丰富和坦率的欣赏。

这至少是我第一次穿上 Rebecca Taylor 这个品牌时的感动。

那是大约十年前的冬天，感恩节临近，整栋楼里每家服装公司都开始洋溢起过节的气氛。通常标志性的节日事件，是公司内部会以几乎赠送的方式向员工销售一年的屯仓样品。"Em，"我的设计师朋友茱莉亚早上一进办公室就甩过来一只纸袋，"我以前实习公司的样品。这几件超小号，专门给你拿的。"

说着她从里面拎出两条淡素色长裤，随手搭在一边；又倒出三件小东西，排在桌上。现在回想，那三件小东西颜色宛若马卡龙般迷人，也好像的确散发出了迷人的味道。立刻有强烈的冲动想关上房门试穿，可即使当着闺蜜的面也突然有点不好意思，因为它们几乎都是用薄透的雪纺绸制作的，而且都是很小的一团，想必只能遮盖身体很少的部分。可还是忍不住拿到身上比划着。第一件是大领口、超级细软的湖绿色绉纱长袖衫，另外两件是性感小吊带，材质分别是肉粉色绸缎和秀红嵌绿印花皱缎加超细Valenciennes 蕾丝花边装饰。如此衣裳，对于女人来说，总会有特别期待看到上身效果的愿望，可也会为特别难以预料的不可知而忐忑不安。

“我的锁骨够好看么？”

“我的肤色跟它们相衬么？”

“我的肤质能让我自信地暴露这么多么？”

在种种猜想中看到领标上的品牌名称。“Rebecca Taylor？”看上去既熟悉又的确陌生。熟悉，是叫“Taylor”的品牌知道几个了；陌生，是这一个还从没在市场上见过。

那一年这位名叫瑞贝卡·泰勒的年轻女设计师，怀揣六百美金从新西兰来纽约闯荡，刚刚在时装周的“艺术风格竞赛”上崭露头角，要一年后才能给我们看到她第一场完整的T台秀呢。那一年对我而言，还没可能想象到，这个年轻的女人，在成为知名设计师后最大的感叹是，要克服时尚圈对肉体的虚荣有多艰难。

那天回家后即脱下厚重的冬衣，迫不及待地把几团柔软的东西换上。

感觉的确十分奇妙。好像一瞬间蜕皮，身体上开出了花朵，整个人在曼妙的荷叶边、蕾丝、缎带的装裹下变得脆弱起来。又因为漫长的冬天很久没有看到裸露很多肌肤的画面，在暖烘烘的卧室里还有了一点纽约那种不费力气的清酷。那一瞬间对身体的发现，应该是音乐、艺术、娱乐甚至田野都传出了芳香的回音，让人不忍心对身体做任何挑剔。也不应该。那几个下意识里发出的“我的身体是不是适合这件衣服”的问题都不再是问题，因为这几件衣服是那么适合我。

这是一个特别想抚摸女性身体的设计师，我这样想，内衣设计师可能都没她那么想。

说到身体，大凡设计师总是对此有特别的兴趣，可是能以完美的技术细节、并且毫无顾忌地表达出来，其实并不多见。很多衣服不过是身体外的一层壳，是装饰；即使像文胸、内裤和塑身衣这些贴身衣物也如此，只不过在装饰之上多了一层“修饰”。在我穿过的衣裳里，好像只有早期的 Rebecca Taylor 让我感觉是长在身体上的。

如今的 Rebecca Taylor 已经是价值千万美金的知名品牌了。在十年成长过程中，它被贴得最多的标签是“极端女性化”：喜欢使用柔和的颜色搭配和含蓄的印花图案，无论是轻薄多层次的绸裙，还是富有结构感的套装，或者男孩风格的针织装，Rebecca Taylor 的裁剪方式都特别知道如何讨好身体。

不过说讨好，不如说尊重。

可是尊重身体的各种真实，现如今在这个行业里其实非常不易。

时尚工业，包括与其密不可分的时尚出版业，“伪装”和“修描”特别流行，甚至已经是这个行业里一部分人为生的职业。而对于女性尤其苛刻。去看一场时装发布会，随便扫一眼，就可以在观众席看见各种“修描”出来的人体部位，比如嘴唇、额头、腮骨、常常假到不忍目睹。泰勒说她自己有时也会不由自主萌生要做鼻整形手术的念头。需要做吗？当然不。可如果不做，似乎就不符合行业内“金发女郎应该长什么样”的惯性认知。在这样一个以修饰为目的的行业里，尤其是成衣行业，敢使用轻薄面料、不惧怕暴露身体缺陷、不预先为身体设置禁忌很是需要勇气。即使承认哪有没有缺陷的身体呢，带着这样的勇气敢做这样的设计，可如果没有有勇气支

持你的穿着者也是无用。因此，在看过的有关泰勒的各种报道中，我最欣赏的是她的两个态度：一，她把自己的天赋和才华用在怎么能让这种缺陷美得自然上；二，作为女人和母亲，她着力把儿子培养成懂得尊重女性的男人。后一点，我相信应该更重要。

有时尚杂志记者曾经问泰勒最喜欢的味道是什么？几乎所有读者都期待她的回答应该是某个品牌的香水，可这个来自新西兰的女人却马上回答说，是回到家乡，清晨六点从飞机上下来，从国际机场走向国内机场，其间穿过一片田地时闻到的那股清新自然的空气。

不知道是不是因为此，在穿过那几件小东西以后，我自己当然成了 Rebecca Taylor 的热爱者。而后往衣橱里添加的每一件她的衣裳，都似乎重复着我对她的最初认识：尽可能地尊重自己的身体，尊重自己的感受。

追捧泰勒的名流不少，这两年最著名的粉丝是英国王妃凯特·米德尔顿。2012 年她在出席南极探险者的招待会时穿了一套 Rebecca Taylor 的蓝色裙装，瞬间把这位年轻的设计师带到闪耀的聚光灯下，而且其效益直接反映到大幅攀升的营业额上。于是，2014 秋冬季时装发布会上的 Rebecca Taylor，除了保有一贯的妩媚娇柔外，也不可避免地多了几分凯特王妃式的“硬朗”和“干练”。虽然无法再用“长在身体上的花”来形容，可比起其他硬朗的品牌，Rebecca Taylor 仍然是跟身体贴合得最好的那个。这不，2014 春季，她网站和店铺里的白色系列就似春风拂面、曼妙飘逸。虽然价格小贵，却还是身体可以也应该接近的自然奢华。

18 TAORAY WANG

TAORAY WANG

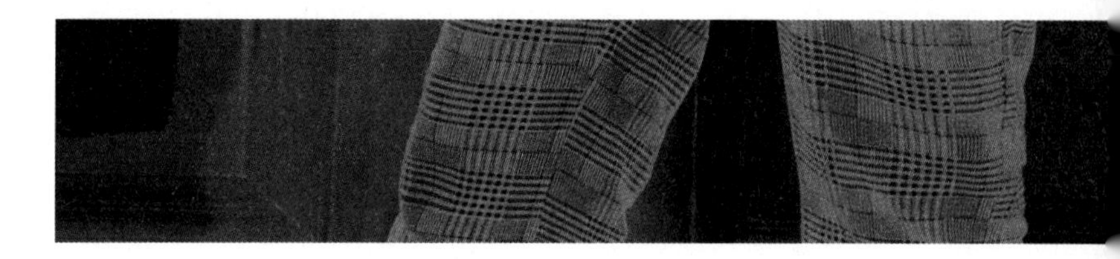

Taoray Wang, a descendant of the Qing Dynasty, attended Tokyo Mode Japan where she received five international fashion designer awards. She now travels between company headquarters in Shanghai and design studio in London...

TAORAY WANG

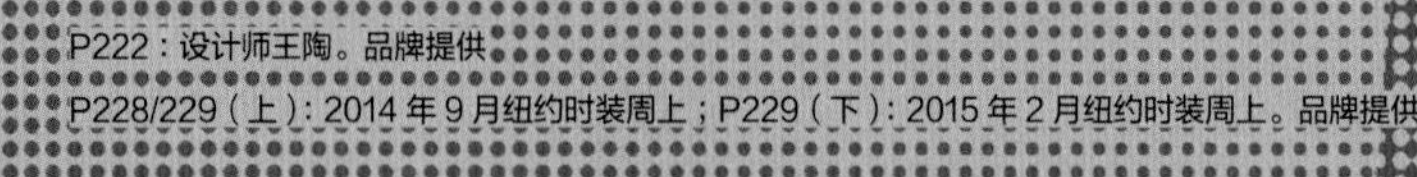

P222：设计师王陶。品牌提供

P228/229（上）：2014 年 9 月纽约时装周上；P229（下）：2015 年 2 月纽约时装周上。品牌提供

TAORAY WANG：向有技术的设计师致敬

去年九月，在纽约时装周看完 TAORAY WANG 的第一场秀后，我给品牌公关发了封邮件，想去他们在纽约的展示间看看。

虽然之前没听说过这个来自中国的品牌，可在 T 台上看到第一件出场作品时，我就喜欢上了它。我主观地猜测设计师是男性，因为整场秀冷静又不乏柔美，使用了大量男设计师喜欢并擅长的线条，比如强调女性的肩部、背部等；有东方元素，却又保持恰到好处的距离，完全没有为赋新词的牵强；材料选择果敢，可搭配上也有小小的不尽如人意之处。这些特质，无论好坏，在我眼里都是属于男设计师的。不过最让我感慨的，还是设计师有一双好裁缝的手，几件西装剪裁锋利，力道饱满，收放自如。这样的手，依我的偏见，通常也应该是男设计师的。

稍微让我对自己的判断有所犹豫的是，他们发给观众的宣传册页做得有些潦草，在看完 T 台秀之后再看那几张图，颇有“添足”之惋惜。一并发给观众的小礼物——一只小手袋，也过于“萌”了，跟纽约一贯粗枝大叶的风格有点不和。如果是男设计师，我思忖，通常不会发挥这样的小心思做这种额外之功吧。

他们的 showroom 在麦迪逊大道 29 街附近，就在我从前工作的内衣工业区内。那栋楼倒不是内衣公司的楼，而是一个有些杂乱的出租写字楼。前台帮我打了几次电话，showroom 都无人应答，只好劝我用其他方式与他们联络。这通常是短期租户的特点。看来这只是一个临时的落脚点。其实，这也正是我要向他们询问的第一个问题：TAORAY WANG 为什么来纽约？

被公司职员接上楼、在 showroom 参观了几分钟后，设计师王陶走了进来。

说意外也不意外，是个长发、黑衣，既有职业面貌的干练也相当平和随意的女性。对于我的第一个问题，她坚定的回答是：TAORAY WANG 是打算立足纽约的——虽然她的团队在上海，她在日本受的服装基础教育，曾跟在小筱顺子身边做助理，现在大部分时间居住在伦敦。纽约时装周尽管一直被诟病商业功利，对于市场的拥抱永远表现得那么毫无顾忌；可对设计师来说，正是这种直截了当，它才是他们向世界舞台出道的最佳选择。莫名的，我的心里倒生出了几分淡淡的骄傲，好像在纽约住久了就很难不把自己当纽约客一样。英文里的 New Yorker 其实并不是“客”的意思。

因为气氛轻松，我们聊了不短的时间。在诸多话题中，关于东方元素几句简短的讨论让我们很快找到了那种采访者和被采访者之间的温度。从那以后，我们就有点不像是在办公事了。东方元素不是手段，而是气质，我一直这样想。比如不动声色就是东方人尤其中国人独有的一种美学境界，只是现在已经被我们丢得差不多了。太多的一拥而上，太多的喧哗，太多的招摇，太多的空虚炫耀，让我们忘记了最美的事其实是隔着几步、抱起胳膊"冷眼"看。而在 TAORAY WANG 的衣服上我似乎又看到了这种特质，所以才会从心底里喜欢她这场纽约处女秀。

当然不是什么人都能冷眼处世。武侠小说里，只有真正的高手才能收敛锋芒，居高俯瞰众生上下。如果出手，他也不必炫技，不必招招毙命，杀技大多隐于无声。一名优秀的时装设计师也应该有这个本事，这个本事凭的是他丰满的技术。能在平面的布料上，摆弄出各种山高水低，一双手一把剪刀是基本。有段时间，我们好像常把"匠人"当成"艺术家"的反面，似乎"匠气"不是好东西，甚至特别不应该的东西;可对于设计师来讲，没有那个成为匠人的过程，就没有可能成为有匠心的大师。再好的设计也是要靠手艺实现的。日本文化里一直保留着这种对手艺传统的推崇，有一段师从于小筱顺子的经历一定让王陶比我们更知道技术的后盾有多坚强。我也因此对于所有拥有最好基本功的设计师都心存敬意。

从 TAORAY WANG 的 showroom 出来，突然遗憾地想到，刚才怎么没挑

一件衣服试试呢。虽然我不是王陶设定的“全球女性领袖”目标客户，不过它应该也适合我，因为一切美妙的东西，从不被界定所囿，也不应该为其所囿。

19 Theory

theory

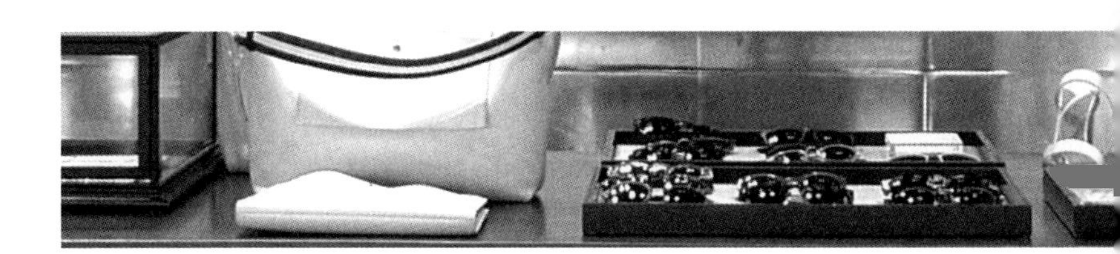

In 1997, Andrew Rosen, former CEO of Anne Klein and a Calvin Klein executive, launched Theory in New York City as a women's collection, with a focus on comfortable stretch pants.

Theory

P230/237/238/239/240/242/243：位于纽约雀儿喜区的店铺内。作者摄

Theory 的 theory

1999 年我在纽约服装学院临近毕业前，学校为毕业生做过多次“求职指南”一类的辅导会。在传授的多项规则中，有一项我记忆犹新：不要穿比面试官更高级的衣服。举例说，如果他穿 **Banana Republic，你就最好穿 Gap。而如何知道哪家公司的面试**官会穿什么档次的衣服，则要我们根据对公司的了解而自己推测。那时候，Theory 问世不到两年，知道的人还不多，否则老师多半会把它当作一个最方便的标杆，对于即将毕业的我们来说，一切也就简单了：面试官若穿 Theory，我们选择 J. Crew 或 Club Monaco 这几个品牌肯定不会错。

工作以后发现，这条着装丛林法则在服装公司里也很适用，或者更为适用。假如你的老板穿 Jil Sander，那你最高穿到 Theory 便可以了。换句话说，Theory 是那种既得体又绝对不失体面的白领正装，更是划分职业装等级的最好参照物。

第一次注意到 Theory，是在纽约以推介新人设计师为特色的

Barney's New York 百货公司里。实话说，对它当时的品相并没留下特别印象，只记得整个展示区一片黢黑。黑是典型的纽约色。纽约人被世界认为酷，可也经常被欧洲时尚嘲笑为单调和粗糙，盖因黑色既是最简单也是最复杂的颜色，是最谦卑也是最傲慢的颜色。一眼望去，Theory 似乎把这种简单和复杂都呈现了部分，不过并非我容易喜欢的风格。吸引我的，倒是它的名字。

Theory？

以前做文字工作时经常会遇到的一个词，也是我最不擅长并最终导致我从研究所离职的一个词。跟时尚或服装，似乎不大沾边吧。

在 Theory 出现之前，服装品牌多半以人名命名，要么是设计师的名字，比如 Calvin Klein，Anne Klein，要么是虚构的人物，比如 Ann Taylor；或者是对某种风格的描述，比如 Nautica 或 Old Navy；即使是比较抽象的名词，比如 Gap，也有一定的画面感。用极为抽象的宏大哲学概念为服装品牌命名，Theory 是我注意到的第一个。之后，跟服装越来越不沾边的词汇就被越来越多地被挂上了衣领，比如“人类学”（Anthropologie），“为所有人类的七”（7 For All Mankind），甚至直白的“哲学”（Philosophy）等。虽说名字不过就是名字，可对服装品牌而言，通常意义上，它也是品牌身份的一张最便捷的名片。

那么 Theory 这个品牌有着什么样的 Theory 呢？

表面看，是严肃和干净利索，像这个词一样。

Theory 由纽约第三代服装业商人 Andrew Rosen 和出生在耶路撒冷的波斯犹太裔设计师 Elie Taharay①共同创立，色彩以黑、灰为主，几乎没有例外；面料高档规矩，裁剪清楚简捷。从我使用的这些形容词大概不难看出，Theory 是典型的职业装，不过品质高些罢了。若仅如此，它似乎不足以脱颖而出，可我当时供职的公司里很快就有越来越多的人提起它了。原因是，它向职业装市场输送了一款新鲜的“舒适弹力裤”（comfortable stretch pants）。那时候，职业装大多使用挺括的面料，形象刻板强调硬朗，这款长裤打破惯例，用带少许弹力的布料制作成紧绷款型，却仍给身体足够灵便

①著名服装设计师，拥有自己的品牌 Elie Tahari。

活动的空间，更重要的是特别突出了臀部和腿部线条，让大多数人穿上以后都几乎立刻拥有一双修长的腿。周围的女同事开始穿 Theory，两年后面世的男装也让男同事津津乐道，没多久它就成了混迹纽约服装公司里的设计师和管理层有风格的职业装扮。尽管我一直认为它于我过于凝重，可在升职为高级设计师后，还是置办了一条弹力裤以壮声色。Theory 的严肃的确是有声色的。

没想到跟 Theory 的关系发生转变，倒是在我离开全职工作以后，特别是最近两年，简直像对它着了迷。从去年到今年，算一算，竟然已入手八件单品，其中既有它的经典——裤，也有衬衣，更有裙。不是不全职工作了吗，为什么反倒穿起了职业装？这看起来违背逻辑性的转变实际上有其逻辑，因为在我改变职业身份的同时，Theory 也变了。虽仍旧被定义为最恰当的职业装代表，可它增加了很多非职业性、甚至街装的元素，变得松弛而有灵气。这一转变应该说是近些年时尚界的新气象，即单一风格已很难取悦今天的消费者。最明显的表现也许还不在服装业而在餐饮业内，新世纪之后，“fusion style”（混搭风）是流行度最高的词汇之一。

从颜色上看，今天的 Theory 貌似变化不大，仍然以暗哑的素色灰、黑为主，不过在灰暗的色调中混入了不少淡雅的中间色，比如灰白，肉灰，甚至米色，甚至含蓄的抽象图案等。更大的变化在于面料，不再总是那么

硬挺（即使早期的弹力裤也还是硬挺的），而是混入了绸缎、雪纺等细软织物，整体形象轻盈了很多。我最新挂进衣橱的一件亮灰色丝织毛衣和一件本白色小羊皮探袖及膝连身裙都特别能反映它风格的微妙变化。丝线轻细，松松织成的毛衣熨帖飘柔。连身裙尽管是羊皮质地，却毫无厚重之感，部

分缘于它把腰际线稍微拉低，在腹部形成一个幅度不大的弧线，营造出一种年轻女装特有的俏皮和妩媚。更有趣的是设计师在腰际线下做了两个暗藏的斜插兜——我们知道，斜插兜几乎是典型的少女裁剪，更是“我很放松”的直白告诉，跟成熟女性职业装的端庄矜持有着相当大的背离。

前一阵写了不少品牌衰落的故事，像九斤老太太一样总在抱怨时装工业的今不如昔，Theory 却是难得的“反转剧”。这个反转在我看来，与品牌在 2003 年被日本公司收购有着直接关系。

服装的“混搭”一定跟设计师的混搭思维有关，跟品牌的“混搭”理念也有关。严肃的纽约品牌到了日本人手上，自然不能不融入东方人特别讲究的细腻之处。说起细节决定一切，职业装当然也不例外。况且，职业装为什么不能是一种舒缓压力的表达方式呢？我的老板要是穿一件昂贵高档的职业装，我会尊重他，可以舍得为他每天工作十小时，因为他给我们信心；可如果他穿一件俏皮优美的职业装，我可以同意为他每天工作十二小时，因为他懂得化解压力，我们光看着他也轻松愉快很多啊。

Theory

TRACY REESE

20

Tracy Reese

Reese is originally from Detroit, Michigan. She recalls making clothing from scratch while growing up, alongside her mother, while they worked sitting side-by-side at their own sewing machines. In 1982, she moved to New York City to pursue her education at Parsons School of Design.

Tracy Reese

P244：位于纽约西村的店铺。2015 年已关张。作者摄

P250：品牌作品。来自网络

P251/253：作品细节。作者摄

Tracy Reese：那样的丰富与充沛

颜色对人心理产生影响，是被很多色彩学家早就论证过的。不同波长的光作用于人的视觉器官而产生色感时，会导致人产生某种带有情感的心理活动。同样，环境也会滋养某种颜色习惯：某些地方会普遍接受某种类型的颜色或者颜色群，是那个地方的气候、那个地方人种的身体结构，特别是肤色造就的。比如，鲜艳的颜色特别受深色皮肤钟爱，对比度小的柔和色特别被肤色不那么明亮的东亚人喜欢。肤色的形成与阳光有关。所谓"入乡随俗"，人在旅途中受当地光照的影响，会很容易接受那个地方的色彩，不自觉地就选择适合那个地方的云和日光强度的某些颜色。比如一到云南，不知不觉地就爱穿颜色艳丽的扎染或带明快刺绣的服饰；一到巴黎，会立刻爱上含蓄、品位复杂的中性色，甚至会挑一些图案极其唯美的"花衣裳"。可一回到纽约，大部分时间，又会不自觉地复原黑、灰素色，从别处带回来的明快或悠扬颜色即使在镜子前比画一下都觉得别扭。

不过，终于有了例外。

我第一次见到 Tracy Reese 和 Plenty by Tracy Reese 大约是 2004 年，在年末一场服装品牌公司举办的样品特卖会上。第一眼看见就立刻被它极致靓丽的颜色吸引，想都没想它们是否适合纽约这座粗粝的城市，竟一气买下四件对我来说价格不算便宜、样式也格外超出常规习惯的衣服：第一件，橘黄底色、胸前缀一片铆钉片的及臀针织吊带背心；第二件，牙白色乔其纱底，前后用黑、红、宝石蓝等彩珠横贯连缀成几何图案的及膝短裙；第三件，姜黄色细带长裙，上下前后缀满各种亮片，其中的高光点是用大针脚线缝住的一片片如拇指头大小的反光玻璃亮片（拿起来对着看，真的能在里面看见我的脸或眼睛）；最后一件，提花织锦厚呢过膝大衣，玫瑰红底色，满身交织既抽象又生动的纯白大凸花图案。

这样的几件衣服拎回家后，身边人第一眼看到，反应是：

你什么时候开始喜欢黑人喜欢的颜色了？

我称赞他的眼力好，因为没错，Tracy Reese 确是一位非洲裔美国设计师。

随后找机会穿着那件坠了一片铆钉的橘黄色吊带背心上街，惊讶地发现，它跟我相当配，跟纽约并非格格不入。

在美国服装市场上，像 Tracy Reese 这样敢走鲜艳、强烈路线的上中档服装品牌不多，高中档次的百货商场对此也总是有所保留。可 Tracy 在 1996 年发布她的第一个系列时，市场就像我第一眼见到她那样立刻被她的色彩征服了。她的色彩，有一种不吝于表现强烈黑人文化标识的天然冲动，这种冲动是如此自然也因此如此迷人，结果打动的当然绝不限于非洲裔女性，也有像我这样“羞怯”的亚裔女性。现在特别强调一个人的种族背景多半会被认为政治不正确，美国消费者也早就过了正面或负面在意一位设计师肤色的时期。因此，美国时尚评论界很少提及 Tracy 的肤色背景，更喜欢说她是土生土长的底特律女孩儿。不过作为基因背景的笃信者，我还是喜欢把设计师与生俱来的东西作为理解他审美趣味的一种初级参照，否则怎么解释 Tracy 那种对艳色的天才式敏感和强烈表达欲？不也正因为这样的独特性，她才既是一位美国设计师，又是一位独特的美国设计帅么。当然归根结蒂，她终究是一位明白美国时尚的本土设计师：颜色虽然艳丽，却不失优雅；图案复杂大胆，却与布料浑然一体，不失含蓄精致；金属感强烈，却又极端女性化；怀旧复古，却对几乎已经快被用烂的波西米亚元素有自己有趣的认识和使用。许多人像我一样，最初被她的色彩吸引，可到最后，不能释手的还是色彩后面的东西，那些时装让我们不断寻求的东西。

比如布料，比如裁剪。

女性成衣设计师要想出息，通常离不开两只杀手锏：一双敏锐独特的挑选布料的眼睛；一双裁剪神手。以我那件吊带背心为例，它绝不仅仅是普通的吊带，胸前一片金属色铆钉片饰当然很震撼，不过乐于穿着它的原因，还是它靠超强的厚弹力针织面料在臀部绷紧，腰部的多余布料自然垂落，让这件小吊带成了既性感又有波西米亚风趣的俏皮小时装。那件粉白大花

Tracy Reese (Fall-Winter 2014) R-T-W collection at New York Fashion Week. celebsvenue.com

的织锦呢大衣，肩、肘合适到一板一眼的程度，穿上后身板瞬间挺拔起来；斜兜的位置也讲究，两手只要插进去，立刻就现出早年 Balenciaga 所热衷制造的那种多少有点男性化的淑女风姿。从来不喜欢过度夸张风格的身边人，在我穿上那件大衣后，也默认 Tracy Reese 对于我这种“文静”女性并无不妥，倒还因为偶尔看到的小叛逆而眼前一亮。

Tracy Reese 曾这样说到自己的设计：“我们喜欢漂亮的，美丽的，能恭维人的色彩！这正是消费者要上我这儿寻求的东西。”她可能不知道，我在她那里得到的，是在提亮肤色之上，也提亮了的心情。那件小背心后来常穿去沉闷的社交场合，在想要自闭时，它有种把我推向外向的魔力；如果再配上一条黑缎大摆裙和一双尖头的牛仔靴，想矜持恐怕都难。那件织锦呢大衣更一直是心情华丽的歌颂，总让我有过节的隆重感。至于那件前后都缀满彩珠的乔其纱短裙，虽然穿着它便只好采取一直站立的姿势（因为坐下会被珠子硌），可它下摆沉重摇曳的曼妙只要一迈开步就有摇身起舞的飞扬。

Plenty by Tracy Reese 是 Tracy Reese 在 1998 年推出的第二条设计线，相比后者，我喜欢这条新线还更多些。它更年轻，大色块色彩搭配更令人愉快，图案更独特丰富，细节也更有趣充沛，波西米亚风更现代，而且还总有那么一点慵懒的性感。那么的丰富，那么的充沛，正是“Plenty”的意思。

直到 2006 年，Tracy Reese 才在纽约肉市包装区开了第一家独立实体店铺。那时候，它在我的衣橱里已不知不觉地形成了小小规模。前几年服装行业经历诸多不景气，Tracy Reese 也失去了很多刚出道时那种光彩斑斓的自信和激昂，有几个季度颇为晦暗。对它失望时，偶尔打开衣橱不经意间看到从前的“存货”，我就会说，这才是 Tracy Reese 嘛，对色彩既有那么独一无二的感受力又有那么趣味横生的表现力的她怎么会轻易放弃。这不，去年秋季，我就又得到它的一件长风衣：小圆领，大插肩，美妙的是，一件风衣上使用了三种卡其布料和三种颜色：领、袖为哑光熟橄榄色；背后一大片微亮炭黑色；前片是带几何图案的暗格锦织。腰间用一根黑带系住，貌似正襟危坐，实际自有一股阴柔的洒脱风流。

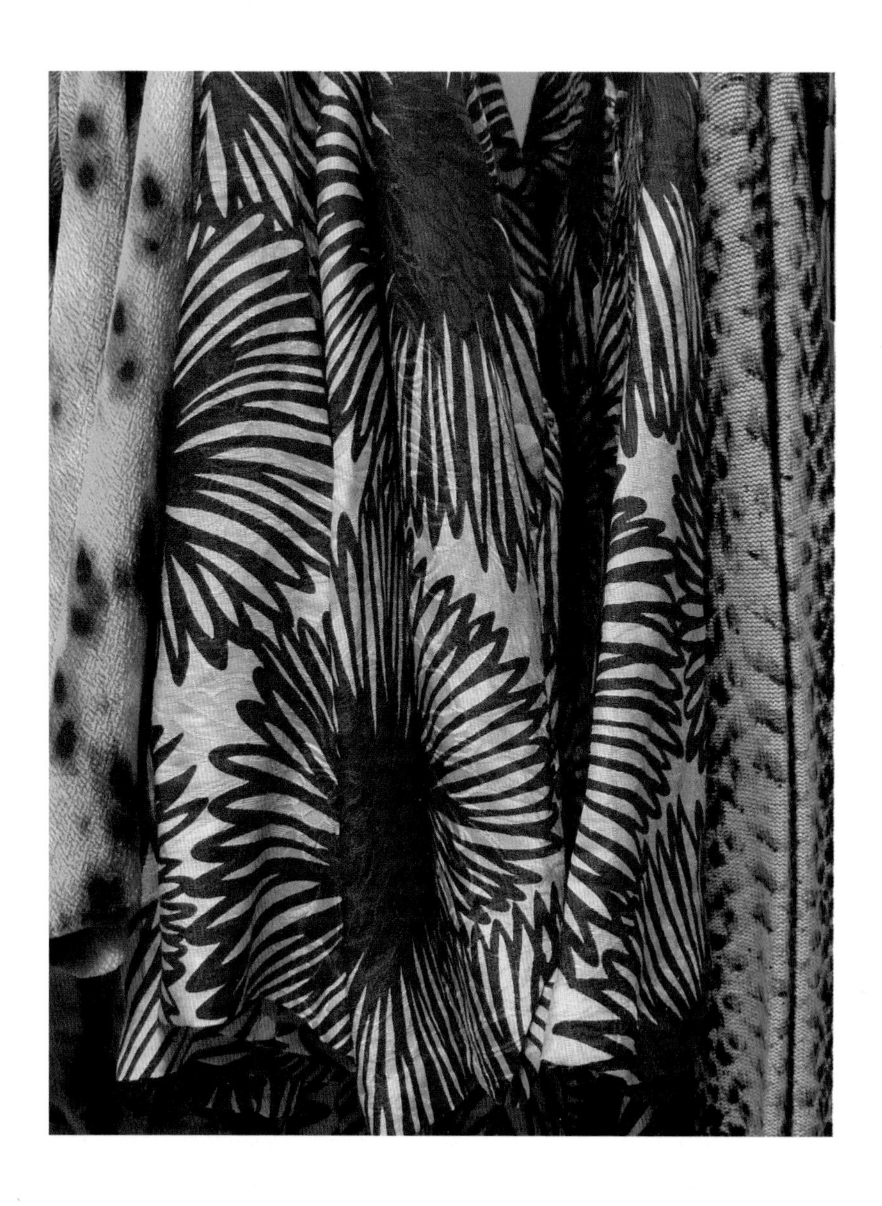

21 Urban Zen

Urban Zen is a philosophy of living by Donna Karan. It is the calm in the chaos of life. A way of giving. An effortless dance of emotion, personality and lifestyle. Timeless. Seasonless.

Urban Zen

P254/264：服装作品。来自官网

P260-261：位于纽约西村的店铺大门。作者摄

P263：Urban Zen 推行的"Zen"生活。来自官网

P265/266-267：Donna Karan 的艺术收藏品，悬挂在 Urban Zen 店铺隔壁的工作室画廊里。作者摄

纽约的皮草与 Urban Zen

在我的印象里，Donna Karan 是美国女性设计师里最爱皮草也最尊重皮草本质的一位。今年几场时装秀看下来，这种印象更坚定了。尊重本质，其实通俗地说，就是她喜欢皮草的原始形态。

去年冬天的一个周末我去她在西村的家里参加活动。她出场时，肩搭一条貌似没有做过任何加工或裁剪的皮草围巾，一拖到地，一副邋里邋遢的美国大妞相，不过也透着淳朴、憨厚，让人不得不说，她自己才真是她的品牌最好的代言人。看见那条围巾，我本能地想的是，那么长，会是哪种动物的呢？似乎只可能是马皮。可马皮的毛应该没有那么长吧？这是只有皮草这种服装材料才能让我们产生的思考，其他任何面料都不可能如此，说起来，皮草跟女人的关系实在太复杂了，不可能像动物保护主义者说的那么简单。

每年一入秋季，曼哈顿岛上属于 Donna Karan 品牌麾下的几家 DKNY 店里到处可见皮草的影子了；上城麦迪逊大道 Donna Karan 旗舰店里，皮草系列更是最让人心动的角色。虽然这两个品牌现在都已不为她所有，她只是兼职设计总监，挂的很可能还是虚名，而且旗舰店在去年也已毫无预告地关张了，可每场时装秀最后出来谢幕的仍是她，品牌的品位和立意，自然还是由她本人负责任。

其实，每年世界任何一地的秋冬季时装周，皮草总是重头大戏，几乎所有品牌都不会轻易放过它。纽约时装周自然也如此。纽约的几个大牌，Ralph Lauren，Micheal Kors，Calvin Klein，都会祭出奢华的皮草单品。不过，品牌对于皮草总表现得小心谨慎。在刚刚过去的 2015 秋冬时装周上，Ralph Lauren 特别在发放的目录页尾标注了一行小字："Ralph Lauren 长期坚持不在我们的服装服饰上使用皮毛（fur）产品。在这次展示的系列里所有像皮毛的单品都是用羊剪毛（shearling）加工制作的。"

也就是说，动物保护主义者并非对中文说的"皮毛"全面封杀，他们反对的只是 fur，不反对 shearling。Fur 跟 shearling 译成中文很难区别，常常笼统地被译作"皮毛"，可英文传达出的不同却很明确：前者是动物因为各种原因死亡后的产物，不可再生；后者不以动物死亡为前提，可以再生。就是说，任何一件 fur 在人类历史上都是独一无二的；而 shearling 却有进入批量生产的可能。这种独一无二性对设计师来说简直是一种致命的诱惑，他们很多人即使知道冒的是天下之大不韪还要铤而走险，实在是难以摆脱的宿命。女性设计师可能更如此。

像 Ralph Lauren 这样的标注，却很少从 Donna Karan 的口里听到。不知道是否因为此，动物保护主义者最常拿她来当攻击的靶子。这也活该，谁让皮草的受益人主要是女人呢。做皮草的设计师那么多，可在美国，Donna 却是被“盯梢”次数最多的。几年前她搞发布会，抗议者追到她下榻的饭店门口，往自己身上浇上人造血抗议，有的人还穿上血淋淋的皮革外套打扮成死鬼在她的场外捣乱。从前她每个秋冬季都会有兔毛作品，后来就被人封了“兔子屠夫”的绰号。这个绰号放在一个有两个女儿的女性设计师身上，当然比放在 Armani 身上的效果强烈。2008 年底，她实在扛不住外界的压力，宣布 2009 年秋季将放弃使用皮毛（fur），也承诺未来不再有使用皮毛的计划。不过相隔一年，她就又有皮毛单品重现江湖了，兔毛也没完全消失，只是的确很少很少了而已。

一说起皮草，我们总是想到它的价格，并据此认为它是当下最时髦也最奢侈的一种服装种类。可实际上，它是奢侈品不假，却是老派奢侈，一百多年来款式上没有多大变化。今天去逛古董市场，总能很容易看到几件皮草，当场穿上出门，也不会有半点过时的陈旧感。一百年前王尔德穿的那种皮草大氅，今天要想穿皮草过“富贵”瘾的男人也不过还是那副样子。中国也有悠久的穿皮草的历史，不过不像西方这样外向。我在潘家园淘的皮袄，外表看就是丝绸罩衫，只有翻开里面，才能看到毛，分辨得出是长黑毛的狗皮还是短白毛的羊皮。皮草还有一个需要精心打点的特性，即使是过去，

也大多只是偶尔从衣橱里被拎出来炫耀一下。也正因为此，才会有那么多老皮袄流入潘家园，我淘的那几件，都还跟新的一模一样呢。

直到 1990 年代中期，皮草服装的传统情形才有所改变。以设计皮草起家的意大利设计师 Consuelo Castiglioni，在为 Marni 担任第一任主设计师时，突然生发了要把皮草变成普通面料并且要让它具有可穿性的概念，皮草这才渐渐成为现代时尚。Donna Karan 是这一潮流的积极参与者，不过她的做

法跟中国人的做法更不同了。她喜欢尽最大可能保护皮草本身的奢侈面料特质，又用极为简单的、有时甚至是完全看不出设计痕迹的设计保持它的天生形态、原始野性。比如它的兔毛作品，一眼看上去就是兔毛，既充分尊重皮毛本身带有的美，又赋予它自然、不做作的现代个性。说起来我第一次真正喜欢上 Donna Karan 和 DKNY，除了被她那条纯静的“pure”商标系列感染，主要还是被她的皮草打动了。

作为纽约本土设计师，不对皮草发生兴趣恐怕也很难，因为纽约几百年前开埠时，就与皮草建立了很深的关系。17 世纪，纽约是皮草贸易的重要商港，这么多年过去了，这座城市早就积累起了一个深厚的懂得皮草、崇尚皮草的老派女性阶层。假如有机会在纽约秋冬季时装周看上几场秀，你会发现，秀场内最时髦的装束一定是皮草，最容易引起街拍摄影家注意的也一定是皮草，而且穿着者男女老少皆有。虽然按照抗议者的说法，皮草工业在过去（没说多长的过去）总共杀死了五千万只动物，其中大部分是被活活剥了皮；可信奉自然主义的人也有另外的说法：如果取之得当，皮草还是最天然最少污染环境的材料，只是这种声音非常非常微弱。

关于皮毛的争议暂时还无法有绝对的结果，纽约高档百货店 Saks Fifth Avenue 的皮草专柜就仍然存在着。Donna 呢，也还在努力赋予她的皮草一种健康的生活形态。她在西村的家，实际是她第二任丈夫生前的艺术工作室，现在二楼可以居住，一楼开辟成一个相当大的画廊和展示厅，另外还割出一个很小的面积开了一间叫 Urban Zen（城市禅）的店铺。这家店铺里的东西才真正全部是她本人的作品，完整地体现着她的设计理念，以及更重要的——生活理念。秋冬季节，这家店铺里跟服装有关的部分，最奢华的，当然还是 fur 与 shearling，不过她现在会解释说，这些衣物全部使用的是可回收材料。可回收跟替代终究是不同的，那种糯软的手感无论如何也无可替代。

看着衣架上那些随意的剪裁，奔放到搞不好就会显得邋遢的风格，只要不翻开价签，每个人都会一边嘴里啧啧叹息，一边心里希望自己能拥有一件。

我也一直有此希望，但由于种种原因尚未实现。不过，我自己会偶尔客串皮草设计和制作，穿或用时，倒是常常会被人问：这是 Donna Karan 的吗?

我总是高兴地把这当作一种夸赞。

P274-275/277/278：JNBY 创始人李琳摄影作品。谢谢李琳提供

后记

后记

写“我的衣橱故事”专栏，起初是应编辑卫臻的提议。她当时供职于四川一家由品牌服装支持的刊物《花样盛年》，因为看到我在另外一家刊物上写的一篇小文而有了一个新颖的想法。

我还记得那是两年前的夏天，我正在大理度假。那天气压很低，太阳不亮却有种高原特有的穿透热力，我从古城人民路往洱海走着，突然电话响了，传来个年轻的女声。她的刊物我完全不熟悉，不过，她的想法却唤起了我的写作欲望。她说，讲讲你自己喜欢的品牌吧。你不是总说我们对中档品牌的了解太少，我们又太需要一个坚实的中档市场了么。我举着电话走了一路，除了后来我们为稿费标准曾谈论了两个回合，其他一切合作细节都在那条路上一拍即合了。

说实话，我的衣橱相当杂乱。要说有些什么品牌可能一时不易厘清，不过要说没有什么倒简单。第一没有的，是奢侈品牌大logo。记忆中，我从没买过一件超级流行名牌流行物品——哦，当然没那么绝对，还是有 Ferragamo 的一双平底鞋和一只黑色小手包。它们是我刚刚从助理设计师擢升为副设计师后，廖老师送的一份生日“大礼”。不过，那时候的 Ferragamo 完全不是流行风向标式的名牌（现在也还不是），一直走着可以保持经典气质的设计风格。那双鞋和那只手包即使今天穿戴，也的确仍不必有过时之虞。

第二没有的是地摊货。我早就不在类似纽约的中国城这种具有山寨文化特点的地方买东西了。这么说，是因为早年是买过的。记得上海襄阳市场特别红火的时候，我去上海出差，受美国设计师朋友之托买 Balenciaga 机车包。因为价格太好，买到手的时候很是得意了一阵。可转过头心里就不安起来：如果像我这样以设计谋生的人都做这种事，服装这个行业还有什么前途？加上后来听朋友说那几件 A 货没用多久就都出了问题，成了弃之可惜的垃圾。我对这样的垃圾最是厌恶。人类的生存资源有限，为什么我们还要生产这种纯粹垃圾的垃圾？！从那以后，我对仿冒品就持完全抵制的态度了。

我的衣橱，概括地说，主要是由中档品牌填满的。出现在这本书中的 21 个品牌，基本都属于这个市场，都是我自己穿过的、心仪的或至少是曾经非常心仪的。

中档市场一直让我特别关注，一说起来就总有特别多的话要说。也许因为我全职做内衣设计师的十年，一直在为中档市场服务，因此对这个市场的逻辑性、合理性都有更深的认知。

所谓中档市场，介于高档奢侈品和低档消费品之间。美国的这一块市场特别厚实。入行一段时间以后我也了解到，很多情况下，高档品牌只是公司的门面，可能也只是整个工业的脸面，为纽约服装业源源不断供血的，其实一直是服装中心里多如牛毛的无名公司和无名设计师做的中小品牌。它们才是这个工业最坚定的心跳，是大多数设计师流泪最多的地方，辛苦的泪，被苛责、被训斥，也因被赞赏而流的泪。看一个国家服装工业的程度，本土高档名牌固然是重要标志，但更为标志的，还是它的中间市场。这个市场是社会最大的和真正的需求所在，是市场无限可能性所在，它应该为大多数人消费得起，更为重要的，大多数人应该可以从这个市场的消费中得到满足、愉悦，甚至骄傲，而不是羞于启齿。为着如此的状态，在这个市场里奋斗的人需要拿出做高档品牌的热情、品位、态度和道德，不如此，美国第一夫人就不可能有底气穿真正的平民市场货，比如 J. Crew；不如此，我们的第一夫人就只能穿独一无二的特别定制，民族工业的振兴也就只能跟少数人有关。

我之所以有兴趣写“衣橱故事”专栏，也是因为这几年回国的机会多了些，时间长了些，有了很多对比。两年前，中国市场常让我有“要么只是高档大牌，要么就是仿冒地摊货”的不满足，总看不到在这两者间由中间阶层支撑的平衡，心里不免着急。很多收入和年龄都处于中段的人找不到适合自己的衣物，有些品牌貌似针对的是他们，可其售价相较于收入水平实在太高。这一部分的需求巨大，却得不到应有的满足，假冒的高档品牌自然会顺势出现。这让我觉得我需要为这个市场做点什么，“衣橱故事”就是一种努力吧。

不过，在回忆和记录与这 21 个品牌的结缘过程中，我已经强烈感受到过去十几年欧美服装工业的结构发生的多种变化。受快时尚冲击、网店分羹，中档品牌的日子都不如 20 世纪 90 年代那么好过了。尤其这一两年间，也就是书中这些文章陆续完成的期间，这种变化似乎更为剧烈。今年年初，为配合结集我到相关店铺去拍照，却发现有的品牌店铺已悄然关张，甚至在曼哈顿已没有一家实体店；有的品牌原先在四五家百货公司有独立销售区，现在只残留于一家仓储式折扣店里。这样的情形让我惋惜不已。时尚业常说“Today you are in, tomorrow you are out”，残酷固然残酷，可毕竟雁过留声，我相信对于一个国家的服装工业来讲，服装品牌是否经历过这个由盛到衰的过程终究是不同的。假如能从中得到借鉴经验，这也算是这本书的一个意义吧。

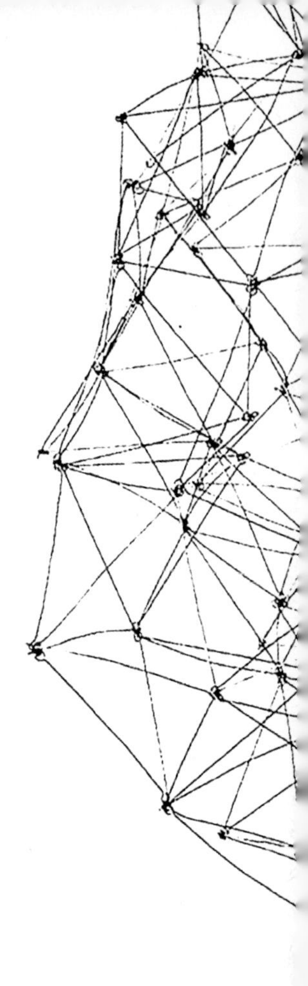

我的衣橱里其实还有一个相当重要的品牌，JNBY（江南布衣），尤其在我北京的家，随便拎出十件衣服，大约六七件都是JNBY。我曾经想过，如果不写写它，这本书应该就不能算完整。不过最后，我还是放弃了。JNBY是个非常文艺的本土品牌，可并不小众。有一次，我和我另一本书的编辑、图书设计师一起吃饭，说起来我们才突然发现穿的都是JNBY。我们三个人，无论年龄、身材轮廓和气质都不太一样，却都可以是JNBY的理想消费者，这应该是因为JNBY身上具有的不向传统审美或价值妥协的态度在吸引我们。这也正是我理解的JNBY的文艺气质所在。

特别希望日后有机会写一本“新衣橱故事”，全部介绍本土品牌，JNBY肯定会像这本书里的agnes b.那样开篇。

近几年，我的衣橱里增加最多的，是独立设计师品牌。这种品牌比起一般大众市场的价

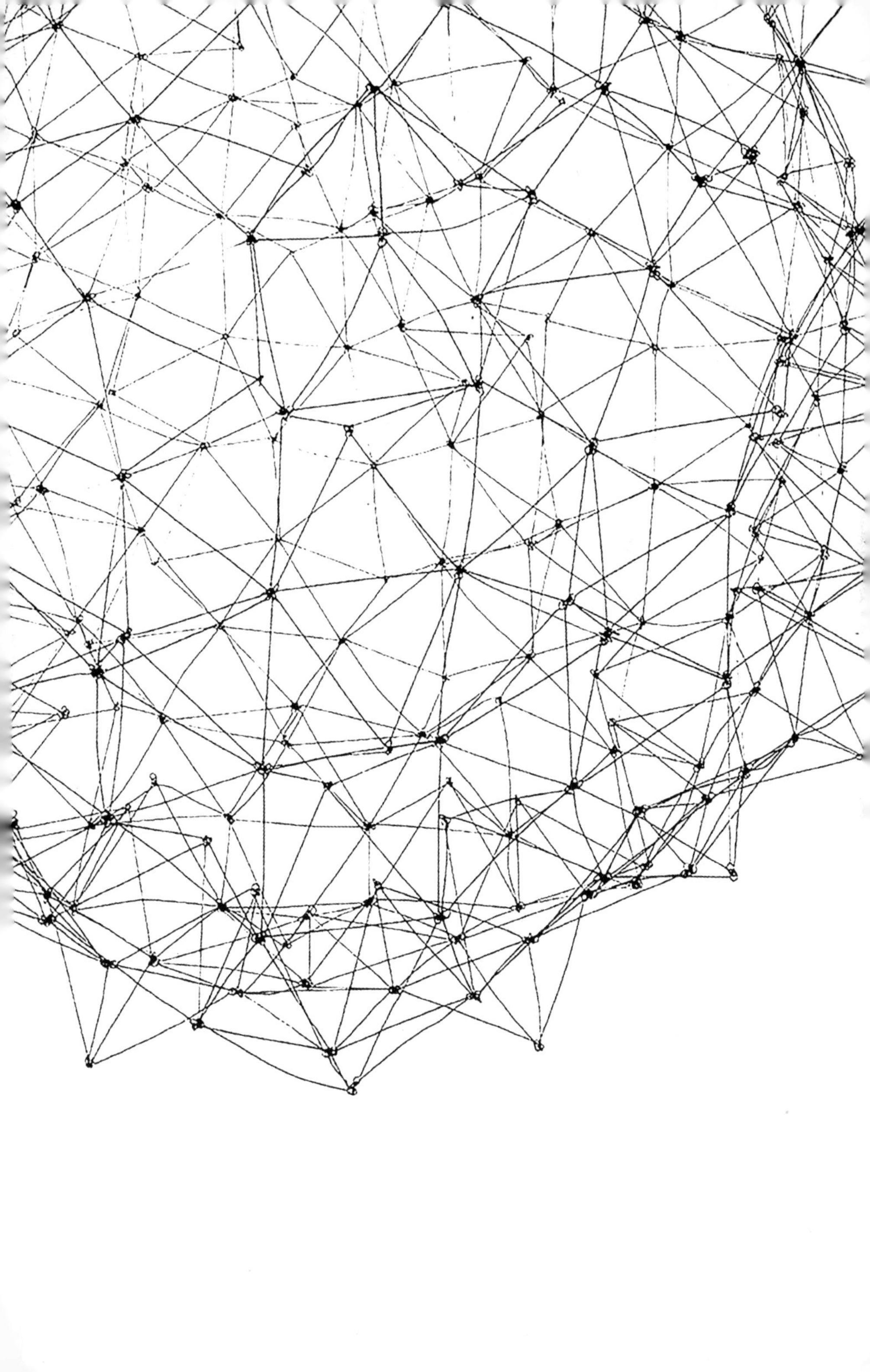

格贵些，但它的独特性却特别让我享受。也许是年龄大了，不必频繁更换穿戴了，用买十件大众货的钱买一两件禁得住琢磨、也禁得起回味的衣物，好像已成了更让我满意的生活方式。当然，住在纽约也有这样的便利。纽约拥有众多优秀独立设计师，才思荟萃，众英积聚。身居此而不享受这些，岂不“身在福中不惜福”？而且，我也会自责没有尽到一个居民的基本义务。像所有地方的独立设计师一样，纽约的独立设计师生存状态也从没安全过，一直风雨飘摇、步履维艰。每次在 NOLITA 或 Brooklyn 走一趟，就会发现又有几家曾经钟爱的小店不见了。假如我曾买过那个设计师的作品，这时虽然伤感却也会庆幸，多亏我在遇到他的时候没有错过他，也希望我的不错过在他权衡放弃或继续时能给他一点点勇气——“啊，曾经那个人说那么喜欢我的作品呢。”我们都希望我们居住的城市多样化，对单调乏味深恶痛绝，可你为多样化尽过薄力了吗?

纽约的独立设计师界从来不缺少生命力，旧的去了，新的总会顽强出现。如果有机会，我希望我的“衣橱故事”能有下一个主题，这个主题一定要献给艰难却骄傲生活着的独立设计师们。

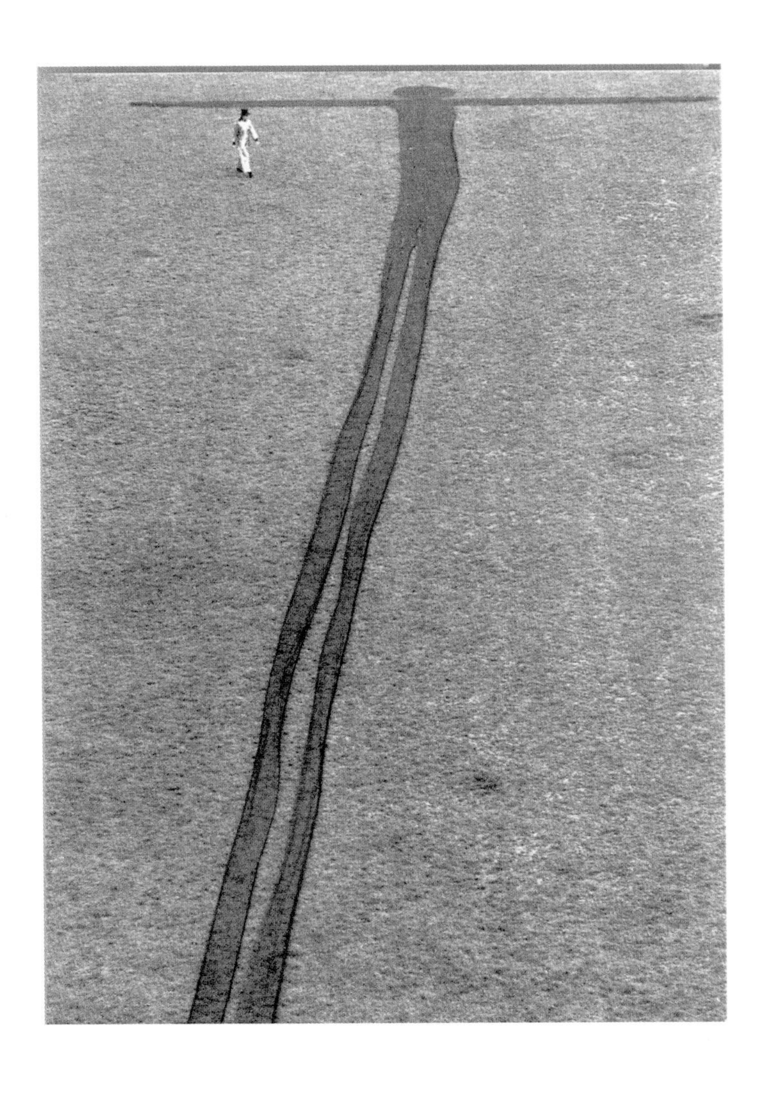

最后，我要特别感谢——

卫臻。小朋友，衷心祝福你心想事成。

《花样盛年》。谢谢你们给了我很好的写作环境。而且在处理稿费方面，你们是我合作过的最有职业道德的媒体，每一笔稿费都准时发放，每次发放都标注清晰，免除了我所有不必要的后顾之忧。这本来应该是职业本分，可因为多数做不到，做到的就弥足珍贵。

谢谢苍苍。“衣橱故事”被你邀请到豆瓣上开专栏，让我这个文艺老青年终于跟文艺轻青年阵地发生了一点点实质性的关系。而且，还让我结识了——

思楠。谢谢你一路的宽容支持和善解人意。

明静。你是我遇到的最贴心的图书设计师。

最后的最后，还是要衷心感谢读者。你们永远是我继续的动力。

2015.05.11

图书在版编目（CIP）数据

我的衣橱故事 / 于晓丹著 . —— 重庆：重庆大学出版社，2016.4

ISBN 978-7-5624-9551-2

Ⅰ . ①我 … Ⅱ . ①于 … Ⅲ . ①服饰文化 Ⅳ. ① TS941.12

中国版本图书馆 CIP 数据核字（2015）第 278692 号

我的衣橱故事

wo de yichu gushi

策划编辑：王思楠

责任编辑：杨莎莎

责任校对：张红梅

责任印制：赵　晟

装帧设计：鲁明静

内文制作：王吉辰

重庆大学出版社出版发行

出版人：易树平

社址：（401331）重庆市沙坪坝区大学城西路 21 号

网址：http://www.cqup.com.cn

邮箱：fxk@cqup.com.cn（营销中心）

全国新华书店经销

印刷：北京利丰雅高长城印刷有限公司

开本：890×1240　1/ 32　印张：9　字数：175 千字

2016 年 4 月第 1 版　2016 年 4 月第 1 次印刷

ISBN 978-7-5624-9551-2　定价：68.00 元